U0335877

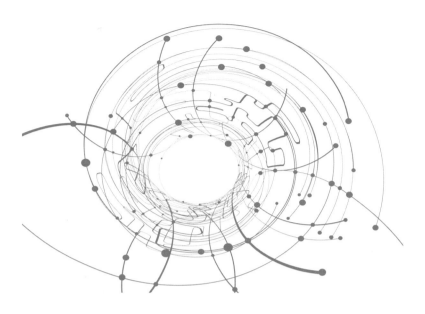

开源法则

何宝宏◎主编

人民邮电出版社

北 京

图书在版编目（CIP）数据

开源法则 / 何宝宏主编. -- 北京 ： 人民邮电出版
社，2020.12
ISBN 978-7-115-54996-9

Ⅰ．①开… Ⅱ．①何… Ⅲ．①源代码—研究 Ⅳ.
①TP311.52

中国版本图书馆CIP数据核字(2020)第186299号

内 容 提 要

　　这是目前市场上为数不多的一本全景式、系统性论述开源的专业图书。本书对开源软件的历史和发展、开源社区生态和运营、企业参与开源与引入开源的原则和方法等内容进行了详细的阐述，同时针对开源软件在使用中的安全问题和风险、与开源软件安全治理相关的方法和工具等进行了介绍。值得一提的是，书中的很多篇幅结合国内的实际情况，对中国开源发展的情况通过翔实的数据及能力分析，给出有价值的思考和归纳。这对于国内各类开源组织和企业进行合规管控、开源治理、社区运营及开源生态建设等都具有实际的借鉴和指导意义。本书适合对开源软件感兴趣的人员、IT 从业人员、致力于开源健康发展的人员阅读和参考。

◆ 主　　编　何宝宏
　　责任编辑　赵　娟
　　责任印制　彭志环

◆ 人民邮电出版社出版发行　　北京市丰台区成寿寺路 11 号
　　邮编　100164　　电子邮件　315@ptpress.com.cn
　　网址　https://www.ptpress.com.cn
　　北京瑞禾彩色印刷有限公司印刷

◆ 开本：880×1230　1/32
　　印张：7　　　　　　　　　　2020 年 12 月第 1 版
　　字数：132 千字　　　　　　2020 年 12 月北京第 1 次印刷

定价：68.00 元

读者服务热线：(010)81055493　印装质量热线：(010)81055316
反盗版热线：(010)81055315
广告经营许可证：京东市监广登字 20170147 号

编委会

主 编

何宝宏

编写组

栗 蔚 郭 雪 孙封蕾

武倩聿 李晓明

推荐序1
FOREWORD 开 . 源 . 法 . 则

今天，我们从北京到天津只要二十几分钟，苏州到上海的高铁像公交车一样便捷，这些都受益于最近十几年高铁的飞速发展，交通基础设施给我们带来的便利。

同样在今天，"新基建"在用另一种方式推动数字社会前行，用更通俗的语言来说，"新基建"是数字社会"要想富，先修路"的数字版，服务于数据生产要素。

也许有人会说，高铁作为"复兴号""和谐号"的运输载体，有一整套严格的标准，铁路已有200多年的历史，客运、货运、电气化铁路等已有了有据可依的铁路法规框架，这些为高铁积累了丰富的标准体系。

而围绕数据所形成的"新基建"，让数据实现分析、流通、价值传递和交付的载体，包括5G、物联网、工业互联网、云计算、人工智能、区块链、数据中心等众多的基础设施，这些基础设施还将与各行各业结合，产生融合基础设施和创新基础设施。

这些技术有的才出现十几年，有的才刚刚商用，这些技术未来还会面临不断迭代升级，甚至还有今天我们没看到的技术将会出现。与历史厚重的铁路相比，怎么形成一个数字社会的法规框架和标准体系，让数据在这个标准体系里互联互通呢？

这需要时间，需要开放。

互联互通，让数据畅通，这是数字社会的基本要求。数字社会需要底层数据互通，新产业需要新基建，新基建孕育新技术，环环相扣，螺旋上升。

更重要的是，基础设施还要为大众服务，普惠更多的人和企业，既要"用得上，用得起"，又要安全、可靠、可信，让承载新型基础设施的技术平台保持中立与标准化，让创新得以持续发展，这些需要用开放做支撑。

开源则是技术开放的成功实践，尤其在基础设施层面，开源已是软件产业的主要开发和交付方式，而本书全面介绍了开源的机遇和风险，详细讲解了开源治理的方法论，对想要使用开源技术的公司会有着深远的启示，对企业 IT 用户来说这更是使用开源技术的指导书。

中国信息通信研究院云计算与大数据研究所一直致力于推动云计算、大数据、人工智能、区块链等技术的产业探索与标准研究，推动新技术的开放生态建设，构建云计算、数据中心、区块链等技术的标准体系。不遗余力地将新技术的中国标准推荐给全世界，希冀中国的开放技术标准能够影响全球。

作为一个"70后",懂些外语,会用计算机编程语言写代码,是我们那代人引以为傲的技能。如今,英语和计算机编程语言已走下神坛,小学生们都开始会说些外语和学习写代码了。随着人工智能等技术的进步,汉语、英语等人类的自然语言都成为"母语",真正的外语则是计算机编程语言。

掌握一门"外语"是多么重要啊。如果会这门语言,那就说出来吧。

中国信息通信研究院云计算与大数据研究所所长　何宝宏

推荐序 2

一代巨擘物理学家牛顿曾说:"如果说我比别人看得更远些,那是因为我站在了巨人的肩上。"这句话用在开源运动上同样贴切。开源运动自 20 世纪 80 年代开始之初,就在计算机领域开辟了一片新天地。今天的开源运动更是方兴未艾,推动着互联网世界蓬勃发展。开源代表的协作、共享、开放、平等、自由等理念,在全球计算机领域也已经达成共识。可以说,任何从事软件开发,甚至对软件感兴趣的组织或个人,几乎都不需要从零开始,便可以站在"巨人的肩上"构建自己的数字世界,而这些"巨人"就是一个个追求开放、践行分享的软件开发组织和个人。

中国农业银行立足自身实际,践行协作开放的运营理念,积极参与国内的开源治理活动,在探索将人工智能、移动互联、区块链、大数据、云计算、网络安全等关键领域整合前沿的开源技术,在打造多层次、高质量、全方位的金融科技服务体系的过程中,自主摸索并创建了一套融

合开源文化的一体化软件管理框架 TOSIM。

在理论层面，中国农业银行通过梳理开源软件的关键管理节点，从组织级拉通架构管理、项目管理、安全管理、配置管理、运维管理等环节的开源活动，建立企业内部管理框架，形成"五位一体"的管理闭环。在实践层面，中国农业银行配备包括可信模型、评估方法、制度流程、系统与工具、培训与实践的内容体系，确保开源软件可信、可管、可用、可控。中国农业银行在推进开源的过程中，既给企业带来了实质性的科技赋能，也碰到了很多需要整个生态解决的问题，部分可为企业引入开源代码和有效管理提供借鉴的经验已被收录到《开源法则》中。

本书以全景化视图向读者展现了开源的前世今生，汇集了国内开源相关的经典实践案例，内容丰富翔实，语言质朴恳切，兼具实用性与可读性，是开源领域从业人员不可多得的案头良书。相信《开源法则》的面世，能为更多参与开源建设的组织和个人提供助力，吸引更多的有识之士参与到开源中来，推动开源生态进一步发展与繁荣。

中国农业银行研发中心副总经理　赵韵东

推荐序 3
FOREWORD 开．源．法．则

开源源于极客精神，秉承知识应该对所有人开放的理想，极客们无私地将自己编写的代码向所有人开放。开源也是一种软件的生产方式，人们可以跨机构、跨组织地协作开发。基于这种方式，人们完成了 Linux 这样庞大复杂的软件工程。今天，开源软件正在各个领域快速影响传统的商业软件。可以说，开源在近 20 年来对软件行业的影响，就像工厂流水线在 20 世纪初对制造业的影响一样深远。极客精神对于人类科技发展的重要性不言而喻，但仅凭极客精神不至于对软件生产模式产生如此大的变化。知识发明的价值一直以来都是存在的，为什么以前都是通过产品或者专利变现，而在今天软件行业会演变出"开源代码"这样的"免费午餐"呢？作为一个银行业从业者，我试图从经济学角度对开源做一些探讨。

目前，我们正处于"数字经济"时代，数字经济在消费市场的一个特点就是"长尾效应"，即尾部个性化的、零

散的、小量的需求可以通过数字化手段得到满足,这些需求累加在一起会是一个极大的市场。开源实质上也是知识变现的"长尾效应"的体现。过去,知识无论是通过产品、专利还是出版物变现,都存在门槛高、周期长的特点,从而使知识的价值回报都集中在少数公司或个人身上。数字经济时代,经济活动的频率显著提高,互联网极大程度丰富了知识传播的渠道,降低了知识变现的门槛。例如,虽然一个普通技术博客的阅读量和影响力不如出版物,也有人能看到,一个开源组件的产品化程度即便不足以直接商业化,但也会有人关注和下载;这些知识通过"个人声誉"的形式得以变现。借助数字化手段共享、传播和二次改进,这类知识的价值会被进一步放大,其最终的总价值规模甚至会超过商业产品和出版物,这可以说是知识发明领域的一种"长尾效应"。

对于银行而言,现在的问题已经不是是否拥抱开源,而是如何安全高效地拥抱开源。上海浦东发展银行在 2018 年与中国信息通信研究院共同发起成立了"金融行业开源技术应用社区",目的就是集合行业的力量,共同投身开源、用好开源。

这本《开源法则》从开源文化、开源项目、开源社区和开源治理多个角度阐述了开源世界的生存、成长和发展法则。无论是开源社区的运营者、开源项目的管理者还是开源软件的使用者,都能从本书中获得满满干货。

上海浦东发展银行信息科技部副总经理　万化

推荐序 4

当今世界，开源技术不仅已是软件开发的基石，而且正在对更多的行业产生深远的影响。Linux 为开源建立了一座至今也难以逾越的丰碑，Android 依靠开源的方式与强大的 iOS 生态分庭抗礼。云计算与云原生领域的 OpenStack、Kubernetes 及 Docker，大数据和人工智能领域的 Hadoop、Spark、TensorFlow 等更是凭借开源模式，在各自领域构建起强大的开源生态。可以说大到人类对宇宙的探索，小到生活中大大小小的电子设备的使用，开源的影响无处不在。

开源的蓬勃发展，离不开各类开源组织、企业以及个人的积极参与与贡献。近年来，腾讯秉承"科技向善"的理念，积极参与开源，贡献开源。从 2010 年开始，我们内部提倡跨团队、跨部门、跨业务开放共享项目代码和组件，逐步建立开放、开源的工程师文化。早在 2016 年，腾讯就在内部成立了对外开源管理办公室，通过腾讯开源联盟专家评委对内部的优质项目进行评审，最终在 GitHub

上发布，腾讯开源逐步进入快车道。2018 年，在腾讯技术委员会的指导下，腾讯对外开源管理办公室成立了项目管理委员会、腾讯开源联盟和开源合规组三大组织，自上而下地传递腾讯开源战略，自下而上地落实开源技术生态。

目前，腾讯自主开源了 100 个以上的优秀项目，在 GitHub 上的 Star 数累积超过 30 万。在开源社区贡献方面，腾讯连续三年登上 KVM 内核开源贡献榜，2019 年开源贡献度名列全球第七。腾讯是目前公认的具有影响力的三大国际开源基金会 Apache、Linux 及 OpenStack 的最高级别会员。同时，腾讯也是 Linux 基金会旗下 AI 基金会、Edge 基金会、TARS 基金会的创始成员。通过与这些开源组织有效协作，腾讯发挥着中国企业的科技影响力，成为国际开源社区中活跃的中国力量。

然而做好开源又是一件知易行难的事情，腾讯从 2010 年开始进行开源方面的探索和实践，也经历了从使用开源、贡献开源、自主开源，并且主导建设开源生态这一漫长而艰辛的过程。随着腾讯开源工作的不断深入，各种各样的问题接踵而至，既有一些企业共同面对的开源难题，也有一些特殊开源文化下的矛盾。这些关于企业开源文化探索和开源治理实践的经验教训，部分已被收录到

《开源法则》中。

《开源法则》一书的出版，我们认为在现阶段具有重要的价值和意义，主要体现在以下 3 个方面。

首先，这是目前市场上为数不多的一本全景式、系统性论述开源的专业图书。国内关于开源的讨论和交流日渐增多，但多见于各类文章、访谈和依托于具体开源项目的表达，与开源有关的专业书籍较少。《开源法则》一书不仅涉及开源的历史发展，而且涉及开源社区运营、开源项目治理、开源安全及合规等，它非常适合作为开源工作的备查书和参考书。

其次，书中很大篇幅结合中国的情况，对中国开源的发展情况进行了翔实的数据及案例分析，给出了具有价值的思考和归纳。书中这些论述对于在中文语境下，国内各类开源组织和企业进行合规管控、开源治理、社区运营及开源生态建设等都具有实际的借鉴和指导意义。

最后，开源的影响正在逐步向各行各业扩散，书中对于开源发展的历史、背景和过程、开源理念的由来和发展等由浅入深，娓娓道来，结合实际案例，可以让更多非开源专业的读者也能据此了解开源本身及其运作模式，成为普及和推广开源文化的有效载体。

希望本书的出版能够推动国内关于开源方面更广泛的

讨论和思考，引发更深入的开源实践活动，让我们一起为开源世界贡献更多的智慧和力量。

腾讯开源管理办公室执行总监　许勇

腾讯开源联盟主席　单致豪

推荐序 5

　　开源软件已经站在软件世界舞台的中央。Gartner 统计，99% 的组织在其 IT 系统中使用了开源软件。事实上，开源软件已经成为信息系统开发和建设的核心基础设施，成为构建网络空间最基础的"砖头瓦块"，开源无处不在。现代软件开发也越来越像工业生产和制造，开源软件是重要的原材料，加上自己写的业务代码，最后"组装"出一个软件系统。

　　开源软件在给我们带来极大便利的同时，也引发了大量的安全问题。近年来，因开源软件漏洞造成的安全事件越来越多，影响巨大，让人们开始认识到开源软件安全的重要性。奇安信开源项目检测计划的数据显示，每 1000 行开源软件代码中平均有 14 个安全缺陷，每 1400 行开源软件代码中平均有 1 个高危安全缺陷，开源软件的安全现状确实不容乐观。另外，开源生态还有一个显著的特点，就是开源软件之间的关联依赖非常强，当一个开源软件出现漏洞时，依赖它的其他开源软件常常也会受到影响，这

导致了非常隐蔽和复杂的攻击面。当一个开源软件曝出严重的安全漏洞时，我们可能"躺枪"，却毫不知情。因此，针对开源软件安全漏洞和风险的管理，是我们在引入和使用开源软件时需要系统性考虑的重要方面。

《开源法则》一书对开源软件的历史和发展、开源社区的生态和运营、企业参与开源与引入开源的原则和方法等内容进行了详细的阐述，同时针对开源软件在使用过程中的安全问题和风险、与开源软件安全治理相关的方法和工具等进行了介绍。全书内容深入浅出，体现了作者多年的思考和实践积累，相信本书能够帮助各类机构、企业建立自身的开源战略，对正确且安全地使用开源软件提供很好的指导。

奇安信代码安全事业部总经理　黄永刚

前　言
PREFACE 开.源.法.则

开源文明

2020 年，注定会在人类历史上记下浓重的一笔：新型冠状病毒在全球爆发，全球各国纷纷停工停课，共同抗击疫情。停工停课让社会进入半停摆状态，所幸，相比 100 年前的"西班牙大流感"时期，21 世纪 20 年代的这一刻，人们大部分时间选择在家，遵守社交隔离的时候，社交网络让人们保持了交流畅通，电商外卖保障了人们的基本生活，网络教育让学生们停课不停学，远程协作让经济生产得以延续。

因为疫情，远程协作的工作方式进入大众视野。但是，这种工作方式在技术领域却早已司空见惯。长期以来，分散在全球各地的程序员们，早已熟悉通过远程协作的工作方式，对同一个项目展开合作开发——这种开发范式就是开源。

一个程序员，几个程序员，成千上万个程序员，他们用代码书写数字世界的文字。在这个世界里，他们有序地分工协作，用代码来交流，用他们的逻辑来建立秩序，以精细化的分配机制来分享成果。

不过开源秩序并非一蹴而就，它也是从萌芽开始，逐渐进化，不断发展壮大的，这和计算机程序的复杂度变化是分不开的。

最初的计算机程序只是为了让计算机能够运转起来，是计算机中很小的一部分，当然，也是很关键的一部分。不过既然代码量很小，一个人或者以一个人为代表的几个人，就可以完成编程。那时候，编程工作，甚至都不能引起大众的关注，毕竟一般人会认为设计生产出计算机才是更有成就感的事情。在那个年代，标准的商业模式是买计算机，附送开放源代码的相关软件。

但是当计算机的运行日趋复杂，需要越来越复杂的编程时，就要组成程序员团队来开发程序。这些程序员怎样才能提高开发效率呢？他们之间必然要交流，传递代码，分享思路，几个人组成的小群体之间的协作不需要太多的技巧。

再后来，微软、甲骨文等软件公司在快速发展壮大后，意味着家庭作坊式的开发形式已经成为过去，软件正式宣告成为一个行业。作为一个行业，软件成为商品，商品的复杂程度，需要成百上千人为此一起工作，来设计、开发、生产、交付商品。家庭作坊式协作的软件时代宣告落幕，软件走向了企业内部的开源，但企业发布软件时还是闭源的。

真正的开源是指社会化的代码开放和相互协作，是由反商业的自由软件运动"修正"而来的。为了打破闭源软件公司的知识产权垄断，"民间"的程序员自发组织起来，将自己的代码向全世界公开。不过，开源在那时还是"异见主义"，并不成气候。

开源真的变成"开源"，发展壮大，成为大势所趋，其实并不是开源本身"修炼得道"，而是软件产业在"肆无忌惮"地变得越来越庞大，需要软件解决的问题越来越多，越来越复杂。不引入开源，大型软件的开发交付将寸步难行。

当然，当软件公司将一行行源代码交付用户时，它们转移的不仅仅是代码，同时也将软件的控制权移交给了用户。

不过，不要以为拿到软件控制权是一件好事，权利和责任是对等的，控制权就意味着需要有能力去驾驭，就意味着要面对各种"坑"。怎么办？

不怕，从下一页开始读起来，就对了。

也许有人会像面对洪水猛兽一样，惧怕开源，不敢面对要接受控制权的事实。这时候，周围的人都会背地偷偷地笑了，这么"可爱"的用户，可是打着灯笼也难找了。

目 录
CONTENTS
开·源·法·则

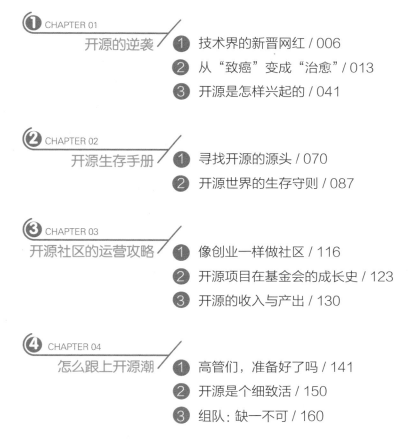

CHAPTER 01

开源的逆袭

在严肃的技术圈里，诞生了一家著名的社交网站——GitHub。GitHub 是一个面向开源及私有软件项目的托管平台，这里是程序员们的天堂。GitHub 是众多开源基金会的代码托管平台，程序员们喜欢把自己的代码贡献到基金会，基金会把代码托管到这里，GitHub 是代码托管的仓库。

对程序员们来说，GitHub 就像是一个在网络上的聚会胜地，GitHub 是他们的社交平台。娱乐明星圈粉是在微博上，开源"大牛们"的"粉圈"就是在 GitHub 上。在这里能看到一些技术过硬的程序员写的开源代码，开源"大牛们"收获了敬仰的眼神，在此轻松"圈粉"，程序员们在这里交友互动。

2018 年 6 月 4 日晚间，微软宣布，用 75 亿美元的股票交易收购代码托管平台 GitHub，如图 1.1 所示。

注：GitHub 是通过 Git 进行版本控制的软件源代码托管服务平台，于 2008 年 4 月 10 日正式上线。GitHub 除了 Git 代码仓库托管及基本的 Web 管理界面以外，它还提供了一些方便社会化共同软件开发的功能，即一般人口中的社群功能，包括允许用户追踪其他用户、组织、软件库的动态，对软件代码的改动和 bug 提出评论等。

图 1.1　75 亿美元！微软宣布收购开源平台 GitHub

就在业界对这笔收购的轰动效应还没有平息的时候，时隔 4 个月，IBM 宣布以 340 亿美元的价格收购开源软件供应商红帽（Red Hat），并造就了 IBM 史上迄今为止最大规模的收购案，如图 1.2 所示。

图 1.2　IBM 收购红帽：红帽将作为独立部门加入混合云团队

注：当地时间 2018 年 10 月 29 日，美国华盛顿，IBM 和开源云软件提供商红帽宣布，两家公司达成最终协议：IBM 将以每股 190.00 美元现金收购红帽所有公开发行的普通股，总价值约 340 亿美元。该交易也是 2018 年最重大的一笔技术收购。

开源到底是怎么了，为什么一下子就变得如日中天？

遥想 1983 年的那个春天，GNU（GNU is Not Unix）宣言的发表标志着开源正式诞生，然而这个时间，也如同开源过去这些年的沉寂，很多人也都已经记不起来了。

GNU 宣言的出现，要从贝尔实验室说起。1969 年，贝尔实验室的工程师肯·汤普森（Ken Thompson）带领团队开发出一种分时操作系统，命名为 Unix。在此后的 10 年，Unix 逐渐流行起来，被很多学术机构和大型企业使用。那个时候，贝尔实验室迫于《反垄断法》，不能从事电话服务领域以外的商业活动，这一法令导致 Unix 无法成为商业产品，因此贝尔实验室将 Unix 的源代码贡献出来，允许他

人对源代码进行修改和再发布。Unix 在这样的环境下反而得到了快速成长。

好景不长,贝尔实验室所属的公司 AT&T 迫于《反垄断法》的压力,被分拆成好几家公司,不再受《反垄断法》的限制,AT&T 发布了 Unix 最新版 System V,不再将 Unix 源代码授权给学术机构,公司律师开始采用种种手段将 Unix 变成一种商业机密。

于是,就有了上面所说的 1983 年的 GNU 计划。1985 年理查德·马修·斯托曼创立了自由软件基金会,GNU 通用公共许可证(GPL)也随之诞生。1991 年,Linux 与其他 GNU 软件结合,完全自由的操作系统正式诞生。

GNU 宣言的发表,其实表达的是 Unix 的开发者和用户反抗软件商业化的一种意志,他们希望自由地共享源代码,以协作的方式共同合作开发 Unix 系统。

有意思的是,这个阶段也恰恰是微软开始一路走红的过程。

同样受《反垄断法》的影响,自 1969 年起,IBM 为《反垄断法》的起诉所困扰,被迫将软件和硬件部门分离。1980 年,IBM 推出个人计算机,植入微软的 MS-DOS 作为操作系统,正是此举,成就了微软。1984 年,微软的营业额达到一亿美元。

比尔·盖茨和理查德·马修·斯托曼是哈佛大学的校友,

在同一个时代背景下，他们选择了不同的道路。

理查德·马修·斯托曼崇尚自由，而比尔·盖茨极力维护软件版权制度，这是那个时代社会对知识产权认可的一种表现，比尔·盖茨因此开创了软件的商业模式，成为软件行业的开创者，一时间，让这一行业迅猛发展，与此同时，比尔·盖茨也获得了那个阶段的成功。

时至今日，微软收购了全球最大的开源社区 GitHub，态度来了 180 度大转弯，但并不意味着这两位校友已经冰释前嫌。2019 年 9 月 4 日，理查德·马修·斯托曼被邀请到微软演讲，他给微软提出了 10 条建议，仍然固执地要求微软收回在 2000 年对 Copyleft（一种利用现有著作权体制来保护所有用户和二次开发者的自由的授权方式）的攻击。两位校友的恩怨不管是否可以"一笑泯恩仇"，但放眼看去，在如今互联网的世界里，开源软件以及开放的生态已经获得了业界广泛的认同。

1 技术界的新晋网红

开源发展到今天，已经和我们的生活密不可分。

出门的时候，如果只带一样东西，很多人会选择只带手机。人人有手机，人人离不开手机，这就是我们当下的状态。

人人有手机，是因为手机行业竞争白热化，加速了手机的普及；人人离不开手机，是因为互联网赋予手机的意义，已经突破了手机的边界。智能手机成为人们的必需消费品，互联网成为触手可及的技术，背后巨大的推动力量离不开开源。

智能手机的爆发应用，要从当年的 iPhone 说起。iPhone 的横空出世，多点触控的用户体验，第一次让大家惊喜地发现，手指所带来的人机交互方式可以是这样的。那时的 Symbian 操作系统、Windows Mobile 操作系统无力反击，就在这个时候，谷歌推出了 Android 操作系统。于是，手机行业之争就变成了苹果 iOS 和谷歌 Android 之争。

苹果的 iOS 是一个封闭的操作系统，即便 iOS 的底层是基于开源的 Unix 商业版，但是封闭的系统导致苹果就只能是苹果，iOS 也只属于苹果。而 Android 从诞生的第一天起，就选择了彻头彻尾的开源路径，也因此获得了业界广泛的支持。

在苹果选择了闭源后，想与苹果一较高下，就只能另辟蹊径，才可能扳回局面，事实证明，谷歌的决定是对的。Gartner《2019 年第三季度智能手机市场调查报告》显示，Android 操作系统的出货市场占有率达到 81.9%，而同季度 iOS 操作系统的出货市场占有率仅有 12.1%。

从互联网时代到移动互联网时代，开源与封闭的纷争从没有停止过。

浏览器是 PC 互联网时代打开互联网的一扇窗。目前，市场主流的浏览器有 4 种：微软 IE 浏览器、谷歌 Chrome 浏览器、苹果 Safari 浏览器，以及 Mozilla Firefox 浏览器。

微软 IE 浏览器的内核是 Trident，谷歌 Chrome 浏览器的内核是 Blink，苹果 Safari 浏览器的内核是 Webkit，Firefox 的内核是 Gecko。其中，Blink 是基于 Webkit 的再次开源，Webkit 是开源的，Gecko 也是开源，只有 Trident 是闭源的。

曾经，IE 浏览器独占鳌头，随着开源浏览器 Firefox 和 Chrome 快速崛起，IE 浏览器的市场份额受到了巨大的冲击。2015 年，微软推出了 Microsoft Edge，取代了 IE 浏览器，这也相当于，微软自己承认，IE 浏览器已经落后于 Chrome 浏览器和 Firefox 浏览器。果然，2016 年，Chrome 浏览器市场份额首次超过 IE 浏览器。

不得不说，开源技术更容易获得业界的认同，是打破闭

源技术垄断的有效途径。目前，Chrome 占据了大部分市场份额，国内很多浏览器也是基于 Chrome 做封装来对外提供服务的。

其实，开源技术还体现在我们的很多应用中，比如说游戏。很多游戏都是大型三维仿真效果，涉及的虚拟显示、图形图像、游戏引擎等也都是开源技术在做支撑，具体技术包括 OGRE、Panda3D、Blender 等。

互联网技术的背后，还有很多开源技术在幕后做支撑。用户的上网请求需要通过网络传到服务器进行处理。网络在传输的过程中，会涉及新型网络架构软件定义网络（Software Defined Network，SDN），Opendaylight 就是实现 SDN 的一个开源技术。请求到达服务器之后，涉及数据库查找，MongoDB、MySQL 等数据库均是开源的。2020 年 4 月，DB-Engines 数据库流行度排行榜显示，MySQL 位列第二，MongoDB 位列第五，Redis 位列第八。

总结来看，在我们的日常生活中，特别是在数字化已经渗透到生活与工作方方面面的今天，开源充斥着我们的生活，而且在很多领域，开源技术已经成为主流，或者正在成为主流；在云计算、大数据等新技术领域，开源软件逐渐成为趋势。

云计算领域的开源目前以 IaaS 和 PaaS 两个层面为主：IaaS 有 OpenStack、CloudStack、oVirt、ZStack 等；

PaaS 层 面 有 OpenShift、Rancher、Cloud Foundry 以 及 调 度 平 台 Kubernetes、Mesos 等。《2018 年 OpenStack 用户调查》(*2018 OpenStack User Survey*) 显示：OpenStack 行业应用前四名分别为研究机构、电信、金融和政府，这充分说明，OpenStack 在重点行业的被接受程度之高。2013 年开源的 Docker 容器发布之后，一直热度不退。截至 2014 年年底，容器镜像下载量高达 1 亿，到 2018 年年初，这一数量超过了 370 亿。

> Docker 是一个开源的应用容器引擎，最初是 dotCloud 公司创始人所罗门·海克斯（Solomon Hykes）发起的一个公司内部项目，它释放了计算虚拟化的能力，提高了应用的维护效率，降低了云计算应用开发的成本。使用 Docker 可以极大地提高应用部署、测试和分发的效率。
>
> Docker 最新的服务条款于 2020 年 8 月 13 日生效，条款声明 Docker 提供的服务遵守美国出口管制条例（Export Administration Regulations，EAR）。

在大数据领域，QYResearch 的调查显示，2025 年全球 Hadoop 市场预计将达到 6708 亿美元，2017—2025 年年均增长 65.6%，亚马逊 EMR、谷歌 Dataproc、阿里云 E-MapReduce 和 AzureHDInsight，均选择基于 Hadoop 构建。

在 Web 领域，开源占据了大部分的市场份额。Netcraft 《网页服务器调查》(*Web Server Survey*)2019 年 4 月的调查发现，Nginx 市场份额增加到 27.52%，较 2018 年 1 月增长 2.13%，成为面向 Web 的计算机市场上第一大服务器厂商。Apache 的市场份额下降了 0.48 个百分点，它在面向 Web 的计算机市场的份额为 26.73%。Microsoft 的市场份额下降到 25.05%，较 2018 年 1 月下跌 6.8%。2018 年 4 月，Nginx 首次成为第一大服务器厂商，其原因是 Microsoft 和 Apache 市场份额减少。这也是 1996 年以来，除了 Microsoft 和 Apache，首次有一家供应商网站的市场份额占据了第一的位置。不过，Apache 在其他指标的表现仍然活跃，以 2019 年 4 月活跃站点数量来看，占 30.30% 的 Apache 远超过了 Nginx 的 20.73%。虽然差距仍然相当大，但有持续拉近的趋势。Netcraft 预计，Nginx 成长力度强劲，在 1~2 年内就会挑战 Apache 在整个互联网的地位。

Apache 最初由美国伊利诺伊大学香槟分校的国家超级计算机应用中心 NCSA 开发。1995 年 4 月，Apache0.6.2 公布。Apache 是世界使用排名第一的 Web 服务器软件。它可以运行在几乎所有广泛使用的计算机平台上，由于其跨平台和安全性被广泛使用，是最流行的 Web 服务器端软件之一。它快速、可靠并且可以通过简单的 API 扩充，将 Perl/Python 等解释器编译到服务器中。

Nginx 是由伊戈尔·赛索耶夫（Igor Sysoev）为俄罗斯访问量第二的 Rambler.ru 站点开发的 Web 服务器，第一个公开版本 0.1.0 发布于 2004 年 10 月 4 日。Nginx 是一款轻量级的 Web 服务器 / 反向代理服务器及电子邮件（IMAP/POP3）代理服务器，在 BSD-like 协议下发行。其特点是占内存少，并发能力强，它将源代码以类 BSD 许可证的形式发布，因它的稳定性、丰富的功能集、示例配置文件和低系统资源的消耗而闻名。

在人工智能这一波浪潮再起的时候，开源成为众多公司的首选，谷歌把 TensorFlow 开源，百度把深度学习平台 PaddlePaddle 开源，机器人操作系统 ROS 也大多采用开源技术。越来越多的 CRM/ERP 企业管理软件也走上了开源之路，这些在中小型企业中应用得十分广泛。

TensorFlow 最初由 Google Brain 团队开发，用于 Google 的研究和生产，于 2015 年 11 月 9 日在 Apache 2.0 开源许可证下发布。TensorFlow 提供一个使用数据流图的数值计算库，可在单 / 多颗 CPU 或 GPU 系统甚至移动设备上运行。TensorFlow 十分灵活，拥有自动鉴别能力且支持 Python 和 C++ 平台。TensorFlow 架构灵活，可以使用单个 API 将计算部署到桌面、服务器或移动设备中的一个或多个 CPU 或 GPU。TensorFlow 提供了多种 API。

在最近几年渐渐兴起的区块链领域，开源也是主流选择。中国信息通信研究院"区块链白皮书（2019 年）"的调查显示，在区块链方面，越来越多的国外公司开始加入区块链开源代码的开发和贡献中。GitHub 平台显示，2010—2018 年逐步形成了围绕比特币（Bitcoin）、以太坊（Ethereum）、超级账本（Hyperledger）、瑞波（Ripple）等多个核心开源平台的公司及个人合作开发生态，同时国际上多个区块链行业联盟也应运而生，例如，R3 区块链联盟（Corda）、Linux 基金会的超级账本（Hyperledger）区块链联盟、企业级以太坊联盟（EEA）等。其中，在开源代码贡献方面，美国引领了跨链互操作、多方可信计算、预言机、数字身份、隐私保护、智能合约语言等领域的技术走向。中国也出现了百度的超级链、京东的 JD Chain、微众银行的FISCO BCOS 等自主技术平台。

在安全性、可靠性、可用性要求较高的企业级 IT 市场，开源应用得越来越广泛，占据了软件市场的半壁江山。金融、政府、电信等大型企业云集且对安全要求更高的行业，也开始逐步采用开源技术来构建自己的信息系统。对于企业用户而言，开源已经成为绕不开的话题，企业在选择技术路线时也不得不将开源的相关技术作为一种备选方案进行考察和调研。

不止于此，开源已是一种重要的生产方式，一种新文化，开始渗透到软件之外。

2 从"致癌"变成"治愈"

曾经,微软创始人比尔·盖茨极力维护软件版权制度,认为没有人会做一项一无所获的工作来推动闭源软件的发展。微软第二任 CEO 史蒂夫·鲍尔默更是说出让理查德·马修·斯托曼难以释怀的那句"开源软件是知识产权的癌症"。然而微软第三任 CEO 萨提亚·纳德拉,则喊出了那句著名的"微软爱 Linux(Microsoft Loves Linux)"。

三任 CEO,对开源的态度,简直就像坐过山车,也映射了市场对开源的态度转变,这个过程恰恰是软件行业从无到有,发展至今的缩影。三任 CEO 的照片如图 1.3、图 1.4 和图 1.5 所示。

图 1.3 微软创始 图 1.4 微软第二任 CEO 图 1.5 微软第三任
人比尔·盖茨 史蒂夫·鲍尔默 CEO 萨提亚·纳德拉

2.1 好友"互联网"拉了"开源软件"一把

说到软件,大家首先想到的可能就是微软,软件行业发端于微软,微软一路高歌猛进的时候,开源确实无法与微软

相提并论，开源需要分工协作。那个时候，基础的分享环境还尚不成熟，直到互联网出现。

开源的发展与互联网的兴起密不可分，开源主要通过多人分布式协作完成，互联网的飞速发展，是让协作得以顺畅开展的先决条件。换言之，互联网和开源也是相辅相成的，互联网因方便信息查找而生，开源以代码共享为信仰，开放都是它们的信仰，它们有着相同的理念，共同的兴趣。

开源和互联网从一开始就是一对好朋友，且不离不弃。

理查德·马修·斯托曼提出 GNU 宣言的时候，还没有互联网，没有强大的网络，不可能开展全球协作，理查德·马修·斯托曼提出的自由软件是一种信仰，是其要捍卫的理念，然而真正的开源是与互联网相伴相生的。

邮件列表、电子公告栏（BBS）是早期互联网交流信息的方式，那时，社交媒体的概念还没有成形。本书开篇提到的 GitHub 于 2008 年上线，GitHub 上的订阅、讨论组、协作图谱（报表）、代码片段分享（Gist）等功能带有明显的社交媒体特征。

20 世纪 90 年代互联网的崛起，让开源拥有了一个完美的支撑工具。源代码的传播先是靠 BBS，后又增加了 UUCP、Usenet、IRC、Gopher 等工具，P2P、BLOG、SNS、Git 等工具也接二连三地出现。

推动互联网第二波高潮迭起的，是以 Facebook 为代表的社交媒体，Facebook 在互联网行业表现出社交化的特性，在技术上，开源成熟的互联网技术架构，让这批互联网公司享受到开源的技术红利。互联网公司的发展，让业界对开源的 LAMP 架构刮目相看。 LAMP 架构是一种企业网站应用模式，L 代表服务器操作系统使用 Linux，A 代表网站服务使用的是 Apache 软件基金会中的 httpd 的软件，M 代表网站后台使用 MySQL 数据库，P 代表网站使用 PHP/Perl/Python 等语言开发。

互联网与开源软件从骨子里就表现出了好友的缘分，它们采用了几乎相同的理念和方法。例如，互联网开放网络接口、"小蛮腰"模型、压制网络服务商、为消费者和 ICP 扩权等。开源软件通过开放源代码、释放源代码自由、压制软件开发商、为用户和硬件厂家扩权。还有，互联网发布服务主张快速迭代、运行代码和客户体验。开源软件主张早发布、频繁发布和倾听客户。

从这个时间进度表中，我们可以更直观地看出开源和互联网是相伴相生的：

　　1969 年，ARPANET 建立，这是第一个使用包交换技术的真实网络；

　　1971 年，电子邮件诞生，现代开源仍以邮件作为主要的沟通方式；

1978 年，BBS 诞生；

1984 年，域名服务器 (Domain Name Server，DNS) 技术首次实现；

1985 年，WELL（全球电子链接）出现，这是最早的虚拟社区，可以让全球的读者和作者进行交流；

1989 年，万维网（WWW）推出；

1990 年，首个网络搜索引擎 Archie 出现；

1991 年，第一个网页创建，网页用于解释什么是万维网，现代热门开源项目均建立自己的网页，广泛吸纳开发者；

1996 年，第一个基于网络的服务建立，即邮件服务（Webmail）；

1998 年，谷歌搜索正式开放，基于互联网的文件共享开始生根发芽；

2003 年，博客发布系统 WordPress 建立；

2004 年，Facebook 成立，目前开源代码托管平台也发展成为程序员的社交网络平台；

2008 年 4 月 10 日，GitHub 正式上线。

2.2 开源是"癌症"

开源软件的前身——自由软件在很长一段时间内是被抵制的。1976 年，美国颁布了《版权法》，这也是美国第一次将计算机软件纳入《版权法》的保护范围中，这一法律的颁布可以说开启了公众对于"买硬件送软件"这种形式的强烈抵制。在这个背景下，诞生了一大批软件公司，例如甲骨文、Adobe、Autodesk、BMC 等。那个时期，IT 业的发展，也是由软件企业作为主导引领着业界的进步，而软件在商业模式上的表现，就是售卖装着软件的盒子，售卖软件的授权。

20 世纪 70 年代，随着软件规模与复杂程度的提高，以及"福特主义"的兴起，商业软件开始了分工，软件工程内部分成负责设计软件功能与结构的设计员以及负责具体实现软件功能的编码员。这种由一个人或少数人负责总体设计和监督完成项目的模式由于和中世纪建造大教堂的模式非常相似，因而被称为"大教堂模式"。这是开源运动的另一位先锋人物埃里克 · 雷蒙德（Eric S. Raymond）在其著作《大教堂与集市》（*The Cathedral and the Bazaar*）一书中提出的。与此同时，计算机用户普及化，以及出于保护自家技术、确保公司盈利能力的目的，软件产品开始走向闭源，即只提供可运行的软件程序而不包括其源代码。

比尔 · 盖茨曾于 1976 年 2 月 3 日写了一封《致计算机爱好者的公开信》，强调优秀的软件不应该被免费获得，软件开发者应该得到相应的报酬。促成比尔 · 盖茨写这封公开信的一个很重要的原因是，1975 年盖茨推出了第一代计算

机基础软件 Basic 语言编译器，这款软件一经推出就深受公众的喜爱，几乎成为当时所有计算机必备的软件，但是付款购买正版软件的用户不到 10%，那个时代还流行购买硬件便赠送相应软件的绑定购买方式，因此拷贝软件、随意分享在当时是普遍存在的，这让盖茨认为自己和软件开发者的利益受到了极大的伤害。因此盖茨在公开信中直接称这种拷贝、共享软件的方式是"偷窃"行为，认为无偿使用软件的方式非常愚蠢，高质量的软件不可能被业余爱好者编写出来。这一公开信的发布迎合了当时众多软件开发商的利益，得到了众人的追随，共享软件的方式逐渐被商业闭源软件替代。

微软在很长的一段时间里都致力于与开源对抗，1998年微软高级副总裁詹姆斯·阿尔金（James Allchin）推动工程师维诺德·瓦洛皮皮尔（Vinod Valloppillil）写的一份"万圣节文件"被黑客披露，这份文件充分表达了微软对于开源的抵制，还提到了开源对抗微软的方式。2000 年后微软新一任 CEO 鲍尔默依然和比尔·盖茨持有同样的观点，甚至在公开媒体上将开源操作系统 Linux 称为"癌症"，甚至采取了一系列的措施打压 Linux。

 命运改变从云开始

前面我们提到，微软的转型正是抓住了云计算的机遇，那么云计算到底意味着什么？对 IT 行业又有什么意义？在说开源的时侯，为什么要说起云计算呢？

了解互联网技术的人都清楚，一个技术应用到企业级领域，要比对个人使用的要求高很多，特别是针对大中型企业的应用。与个人应用相比，企业的 IT 信息系统构成复杂，对安全性、可靠性、可扩展性等要求更高，而且一环扣一环。

企业信息系统的架构从顶层到底层可以分为 6 个部分，分别是业务管理应用系统、基础软件系统、硬件设施、网络设备及机房环境设施、安全防护设施及 IT 组织与管控体系，如图 1.6 所示。

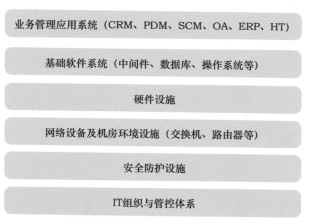

图 1.6　企业信息系统架构

这种信息化的架构看上去就像一个又小又旧的房子，狭小的客厅勉强行使着会客功能，昏暗的餐厅用来吃饭，一个只有 2 平方米的卫生间。这样的房子"五脏俱全"，可就是

感觉不通透、不敞亮，空间格局受限。

现在看来，这样的情况已经开始发生变化，业务部门的需求可以更快应对，企业的信息化部门变得更加灵活，与业务部门的联系越来越紧密，这一切要从云计算的出现开始说起。

过去企业开展信息化能力是由自己的机房能力所决定的，这种信息化能力，能不能像煤和汽油一样，成为公共基础设施呢？于是，云计算就兴起了，成为新的基础设施，云计算的作用越来越明显。"云"无处不见如图 1.7 所示。

图 1.7 "云"无处不见

● 云计算改变了什么

云计算经过快速发展期逐渐落地，成为企业信息化转型的重要支撑，Iaas、Paas、SaaS 等多种云计算服务形态繁荣发展，为企业信息化建设提供了新的思路。

2019 年，以 IaaS、PaaS 和 SaaS 为代表的全球云计算市场规模达到 1883 亿美元，增速 20.86%。预计未来几年市场平均增长率将超过 22%，到 2023 年市场份额将接近 1000 亿美元。其中，2019 年全球 IaaS 市场规模达 439 亿美元，增速为 26.15%，预计未来几年市场平均增长率将超过 22%，到 2023 年市场份额将接近 1000 亿美元；2019 年全球 PaaS 市场规模达 349 亿美元，增速为 23.76%，预计未来几年的年复合增长率将保持在 20% 以上；2019 年全球 SaaS 市场规模达 1095 亿美元，增速为 17.99%，预计 2023 年增速将降低至 10% 左右。

2019 年，云计算在全球 IT 基础设施的占比超过 50%，IDC 发布的《全球云计算 IT 基础设施市场预测报告》显示，全球公有云与私有云的市场份额，在 2019 年将超过传统数据中心，成为市场的主导者。云计算行业不断成熟，以及企业对云计算服务的需求越来越格式化，企业在信息化建设中出现了以下几个新的特点，并且这几个新的特点也都与开源技术的发展密不可分。

● 云计算改变了传统开源软件公司的商业模式

开源软件在发展的过程中，已经找到了合理的商业模式，不再仅是开放源代码的免费软件，红帽的上市就是很好

的佐证。这些都证明了，开源软件与商业价值并不冲突，而是一种创新的商业模式。与传统的商业软件相比，开源软件采用了开放源代码、免费分发等形式，减少了营销和销售的成本，更容易传播出去。

除服务绑定收费（例如，Android 绑定谷歌应用商店和谷歌浏览器等手机应用）、开源增值服务收费、广告收费等方式之外，开源软件公司的商业模式主要与许可证授权有关，通常包括 3 种商业模式：双许可证、依商业许可重新发行和以 SaaS 形式提供软件。

针对以 SaaS 形式提供软件赢利的方式，有一点需要特别注意，开源许可证一般都规定只有在"分发"时才需要遵守许可证，如果自己（或公司内部）使用，不提供给他人，就不需要遵守开源许可证的要求。目前，大部分主流的开源许可证并没有以 SaaS 形式提供服务作为"分发"模式，因此云服务提供商在使用开源软件提供云服务时，一般不必提供源代码。

实际上，这已经变成历史遗留问题，因为在这些主流开源许可证被推出的时候，还没有云计算的概念，没有人会预料到"云计算"的出现会给开源世界带来如此之大的影响。

云计算一词是由 Google 首席执行官埃里克 · 施密特（Eric Schmidt）在 2006 年 8 月的搜索引擎大会上首次提出的。云计算得到了亚马逊、Google 和 IBM 的积极响应，而这些企业都是最早进入云计算领域的企业。

现在，云计算领域已经成为日趋成熟的行业，而且云计算属于由几大巨头把持的寡头市场，云服务提供商相比开源软件公司有了更强的技术实力和市场影响力，能够迅速完成对开源产品的优化，并转化为可对外提供的服务，实现持续更新和迭代。

云服务给用户提供了极大的便利，用户不再需要像过去一样一对一地选择和使用开源软件产品，而是可以直接选择经过优化变得稳定、可靠、功能更强大的 SaaS 服务。

● 云计算改变了IT领域的众多惯例

（1）从云计算到中台战略

进入 2018 年，中台战略进入大众视野。我们都听说过前台、后台，那么什么是中台呢？中台是将后台资源进行抽象整合，转变成业务或产品对前台输出。云计算作为未来信息系统的核心入口（大前台），既要有高度也要有内涵，需要有持续不断的造血能力，对内协同，对外开放，打造集技术、业务、数据的中台战略。中台既能释放巨大的商业潜力和创新空间，也能加快云上嫁接和新业务运行的速度。

（2）服务网格开启微服务架构新阶段

微服务作为一种崭新的分布式应用解决方案，在近两年获得迅猛发展。微服务是指将大型复杂软件应用拆分成多个

简单应用，每个简单应用描述一个小业务，系统中的各个简单应用可被独立部署，各个应用之间是松耦合的，每个应用仅关注完成一件任务并能很好地完成该任务。相比传统的单体架构，微服务架构具有降低系统复杂度、独立部署、独立扩展、跨语言编程等特点，而实现这样的特点，也是因为有灵活的开源技术做支撑。

（3）无服务器架构技术迎来快速发展期

经过几年的快速发展，无服务器架构（Serverless）已经度过了概念普及期，正在加速应用推广。Serverless技术降低了对传统的海量持续在线服务器组件的需求，减少了开发和运维的复杂性，缩短了业务系统的交付周期，使用户能够专注在开发价值更大的业务上。中国信息通信研究院的调查报告显示，超半数的被调查对象都在使用Serverless技术，而这一数字还在快速增长。

（4）IT运维逐步由敏捷时代步入智能时代

DevOps是Development和Operations的组合词，DevOps视为开发（软件工程）、技术运营和质量保障三者的交集，通过自动化的软件交付和架构变更，企业可以构建、测试、发布软件，这也是企业为了能够按时交付软件产品和服务，在流程上出现的一种新的软件开发协作模式。

云计算的发展使DevOps从概念炒作期过渡到落地实践阶段。IT行业与市场经济发展紧密相连，而IT配套方案能否及时、快速地适应市场变化，已经成为衡量组织成功与否的重要指标。通过积极地引入 DevOps，企业已经实现对业务交付质量和效率的飞跃，以此提升对客户的服务能力。

DevOps 虽然彻底改变了原有软件开发和运营的模式，使整个 IT 行业发生了巨大的转变，但是安全问题并未跟上这种变化的步伐。未来，安全将会成为推动 DevOps 全面发展的重要力量，安全性和合规性必须无缝集成到持续交付的过程中。

2020 年 8 月，主流的开源自动化工具 Ansible 在 GitHub 上 Star 数已经超过 44.5 万，Fork 数也已经超过 19.5 万，Jenkins 的装机量达到 14 万。

Ansible 的第一个版本是 0.0.1，发布于 2012 年 3 月 9 日，其作者兼创始人是迈克尔·戴特摩（Michael DeHaan）。Ansible 是一个配置管理工具，基于 Python 开发，集合了众多运维工具（puppet、cfengine、chef、func、fabric）的优点。Ansible 是基于模块工作的，本身没有批量部署的能力。真正具有批量部署能力的是 Ansible 所运行的模块，Ansible 只提供一种框架。Ansible 实现了批量系统配置、批量程序部署、批量运行命令等功能，它可以用来配置基础架构并自动部署，主要特点是简单易用。

Jenkins 的前身是 Hudson，是一个采用 Java 编写的持续集成开源工具。Hudson 由 Sun 公司在 2004 年启动，第一个版本在 Java.net 发布。Jenkins 是另外一种 DevOps 自动化

工具，可以使用在自动化交付的不同阶段。Jenkins 流行的主要原因是它拥有庞大的插件生态系统，它的功能包括持续地发布软件版本／测试项目，监控外部调用执行的工作情况。Jenkins 支持超过 1000 个插件，凭借多样而强大的插件成为整个开发生命周期的一个中心点。

以上提到的这些关键技术，包括虚拟化、容器、微服务、分布式存储、自动化运维等，这些都与开源密切相关，这充分说明，开源已经在关键技术领域成为主流，并深刻影响着企业信息化发展的新方向。新技术领域开源软件及框架统计（截至 2020 年 7 月 15 日）见表 1.1。

表 1.1　新技术领域开源软件及框架统计　（截至 2020 年 7 月 15 日）

新技术	具体项目名称	开源软件／框架	所属企业／基金会	GitHub Star	GitHub Commit	GitHub Contri-buter
云原生	容器及容器编排	Docker	Docker	2.8k	44855	1953
		Swarm	Docker	5.6k	3553	163
		Kubernetes	CNCF	65.7k	90720	2519
		Harbor（中国企业开源项目）	CNCF 孵化	11.6k	9225	173
	微服务	Spring Cloud	Pivotal	—	—	—
		Istio	Google、IBM、Lyft 等	22.7k	12100	536
		Dubbo（中国企业开源项目）	Apache	32.1k	4293	299
		TARS（中国企业开源项目）	Linux	8.3k	720	56

续表

新技术	具体项目名称	开源软件/框架	所属企业/基金会	GitHub Star	GitHub Commit	GitHub Contributer
云原生	DevOps	Ansible	Ansible	43k	49898	4962
		Jenkins	Linux	15.4k	29905	611
		SaltStack	SaltStack	10k	106318	2239
		BlueKing（中国企业开源项目）	Tencent	3.4k	25388	36
大数据	数据库	PostgreSQL	PostgREST	14.3k	1635	82
		MySQL	Oracle	15.4k	1338	122
人工智能	AI	TensorFlow	Google	144k	85135	2484
		Keras	Google	48.1k	5342	816
		Pytorch	Pytorch	38.4k	26486	1394

　　仅仅从企业信息化的角度来评价开源的价值，似乎还不够全面。如今，我们正处在向数字经济迈进的大变革时期，正在努力为数字经济的到来搭建"新型基础设施"，互联网技术、通信技术等都走在从新产业发展到新型基础设施的路上。在这个发展的过程中，如何保证从旧基础设施升级到新基础设施，过去的技术和投资还能继续沿用升级，支持未来的升级演进，更重要的是，从基础设施层面实现互联互通，是需要思考的。如此来看，开放是产业生态多样化的路径，在软件领域，开源就意味着开放。

 开源成为信息化绕不开的选择

　　我们常常开玩笑说，企业信息化采购的负责人，如果

意识还停留在只采购闭源软件的惯性中，那他就是"最可爱"的甲方，如今这样的甲方真的是"打着灯笼也难找"了。

Black Duck《2020 年开源安全和风险分析报告》（*2020 Open Source Security and Risk Analysis Report*）调查显示，99% 的企业代码库中存在开源代组件，并且企业代码库的开源代码的占有比例达到 70%，这一数据比 2015 年增加了 34%。而且从软件产品上看，开源软件已经覆盖技术全栈，涉及操作系统、数据库、大数据、云计算、物联网、区块链、人工智能等多种场景。

2020 年中国信息通信研究院对企业应用开源软件情况的调查显示，已经应用开源技术的企业占比达到 87.4%，有计划应用开源技术的企业占比达到 10.3%，这说明开源技术已经在企业中被广泛应用。对于一个企业的信息系统而言，编程语言、数据库、操作系统等都是必须具备的产品，基本上都有开源和闭源两种模式可供选择。

编程语言以 Java 为例，语言软件开发包（Java Development Kit，Java JDK）现在具有闭源 Oracle JDK 和开源 Open JDK 两个版本。

自 2019 年 1 月 1 日起，如果没有商业许可，Oracle JDK 将无法用于"商业或生产用途"，这就意味着如果没有甲骨文的商业许可证，JavaSE8 将不再收到公开更新。而成立于 2013 年并且快速发展，被当时著名 IT 杂志《SD 时代》(*SD Times*)评选为"2013 SD Times 100",位于"极大影响力"分类第 9 位的 Open JDK 则是免费的,采用了GPLv2 许可证,由 Java 开源社区维护,用户可以免费获得最新版本的软件开发包。

同样,数据库也有开源数据库 MySQL 和闭源数据库Oracle。其中,Oracle 占据 45.6% 的市场份额,MySQL占据 44.3% 市场份额,使用 GPL 开源许可证且归属于甲骨文公司。

大家肯定会有疑问,既然都属于甲骨文的数据库产品,为什么要有开源和闭源之分呢?

两者相比,Oracle 具有处理海量数据的高性能优势,是一套完整的数据解决方案,当然,想要获得高性能和方案的完整性需要付出昂贵的价格,所以 Oracle 更多地被大型企业采用。

MySQL 的体积小、速度快,虽然性能不及 Oracle,但因为 MySQL 所使用的 SQL 语言是用于访问数据库的最常用的标准化语言,尤其开放源代码这一特点,使总体拥有成本较低,MySQL 受到很多小型企业和个人用户的青睐。

除了 Oracle 和 MySQL 两款市场份额较大的数据库之外,开源数据库还有 PostgreSQL、MongoDB 和MariaDB 等,分别在 DB-Engines 排行榜上排名第 4 名、第 5 名和第 13 名。

再看操作系统，开源的 Linux 和闭源的 Windows 是两大主流计算机操作系统。在 Linux 出现之前，服务器操作系统被 Windows 和一系列的商业 Unix 瓜分。Linux 在诞生且迅猛增长后，一些公司开始提供企业级的发行版本以及相应的支持，操作系统的市场份额迅速发生了变化。

其中，Ubuntu、openSUSE、CentOS、Mandriva 都是 Linux 非常受欢迎的几款操作系统。

> Ubuntu 是一款快速、安全、简单易用的 Linux 操作系统，由全球化的专业开发团队 Canonical 公司发布。2013 年 1 月 3 日，Ubuntu 正式发布面向智能手机的移动操作系统。
>
> openSUSE 是一款由 Novell 发起的免费、稳定、易用、基于 Linux 的多功能操作系统。在 2004 年 2 月 Novell 收购 SUSE Linux 之后，Novell 决定发布 SUSE Linux 专业版。
>
> CentOS 是 Linux 发行版之一，它来自 Red Hat Enterprise Linux，依照开放源代码规定释出的源代码编译而成。CentOS 在 2014 年年初宣布加入 Red Hat。
>
> Mandriva Linux 的前身是欧洲最大的 Linux 厂商之一 Mandrakesoft 的产品 Mandrake Linux，创建于 1998 年。其宗旨是让 Linux 对每一个人都更易于使用。Mandriva Linux 来自 Mandriva 的终极版 Linux 操作系统。它是 Mandriva、Conectiva 和 Lycoris 3 种技术融合的结晶。该操作系统容易使用，设计人性化，性能也十分强大。从初学者到 SOHO 用户，它能满足所有客户的需求。

除了上述这些系统性软件之外，桌面办公软件企业级服务总线也有开源和闭源之分。闭源的办公软件有微软的 Office，开源的办公软件有 OpenOffice。企业级服务总线闭源有 IBM ESB 和 Oracle ESB，开源有 FuseESB 等。

总而言之，每个类型的软件，开源和闭源既相伴相生，又相生相克，给企业客户多了一个选择，既有开源的，也有闭源的。每个闭源软件，都有一个开源选择。这样的情形在 20 世纪 90 年代末，就已经形成了，从表 1.2 中，我们可以感受到当年闭源和开源相伴相生的局面。

表 1.2　各种类型的开源与闭源软件

操作系统		
项目名称	Windows	MacOS	Linux
成立年份	1985 年	1997 年	1991 年
所属公司 / 组织	微软	苹果	Linux 基金会
开源 / 闭源	闭源	闭源	开源
数据库		
项目名称	Oracle	DB2	MySQL
成立年份	1976 年	1983 年	1995 年
所属公司 / 组织	Oracle	IBM	Oracle
开源 / 闭源	闭源	闭源	开源
搜索引擎		
项目名称	谷歌搜索引擎	必应搜索引擎	Elasticsearch
成立年份	1996 年	2009 年	2010 年
所属公司 / 组织	谷歌	微软	Elastic
开源 / 闭源	闭源	闭源	开源

● 闭源到开源：赢得竞争的手段

我们不难发现，一个技术处于新生阶段，在没有竞争
对手的时候，通常会选择闭源的方式，以保持该技术的领先
地位，而当这个技术发展到一定的阶段，有新的竞争对手出
现时，这个竞争对手向领先者挑战的方式，往往就选择了
开源。

在 2018 年加拿大温哥华举行的开源峰会上，Linux 基
金会执行董事吉姆·泽姆林（Jim Zemlin）骄傲地说道，
Linux 现在占据了 100% 的超级计算机市场、90% 的云计算
市场、82% 的智能手机市场和 62% 的嵌入式系统市场。实际
上，在 Linux 进入每个市场后，它最终都占据了主导地位。

● 选择开源的3条路径

这几年，随着互联网的渗透，企业在运营的过程中已经
汇入了大量的用户数据，这些数据对于企业的运营来说，具
有非常重要的价值，企业可以从这些数据的整理分析中，获
取对自己有帮助的信息，从而助力企业运营效率、客户服务
和业务提升等。因此，企业信息系统从 IT 架构的管理、运
维、支撑企业业务，逐渐提升到企业业务运营层面，为企业
业务提供决策依据。原来的企业信息化部门，逐渐向数字化
部门转变，并承担越来越重要的作用，企业数字化转型开始
落地实践。

　　换言之，企业级 IT 技术的选择、架构、部署，对企业的运营变得越来越重要。如何为企业规划一个 3~5 年都不会落伍的 IT 系统，并能有效服务企业灵活地开展业务，成为企业的首席信息官、首席技术官乃至首席运营官都会关注的问题。

　　对于体量庞大的企业，常会设置信息科技部门。对于复杂的信息系统，通常采用闭源软件的形式，采购的可以是软件开发公司自研的软件，也可以是基于开源软件二次开发后闭源的软件。对于轻量且易开发的小工具，往往找几个工程师自己编写代码或者基于开源软件做一些修改。

　　归纳起来，企业信息系统的软件来源可以分为 3 种：使用开源软件（包括开源社区版、基于开源发行版）、购买商业闭源软件和自主研发，企业信息系统的软件来源如图 1.8 所示。

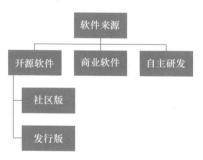

图 1.8　企业信息系统的软件来源

　　下面我们来详细分析 3 种技术路径的优劣势对比，详见表 1.3。

表 1.3　3 种技术路径的优劣势对比

软件来源		购买资金	研发投入	运维投入	服务支持	技术先进
开源软件	社区版	无	高	高	无	高
	发行版（服务支持）	中	中	低	高	高
闭源软件		高	低	低	高	中
自主研发		无	高	高	无	未知

（1）直接使用开源的社区版可能会"心很累"

前面我们提到，开源软件已经覆盖了软件生态的诸多方面，操作系统有以开源形式提供的 Linux，数据库 MySQL、MangoDB 等，云计算领域的 OpenStack、Kubernetes（K8S）等。新兴技术如区块链，基本是建立在开源基础之上的。从数据上来看，截至 2019 年 9 月，开源代码托管平台 GitHub 上已有超过 1.4 亿个库，相比 2018 年增长了41.7%。

感兴趣的贡献者会自发贡献修改代码，因此开源软件的更新速度非常快。软件更新速度快，在市场竞争中的优势就会非常明显，特别是在一些新技术领域。另外，使用开源软件需要的成本极低，这对于企业来说无疑是一件非常有诱惑力的事情，如果用开源软件就可以解决闭源商业软件能解决的事情，那企业为什么不愿意使用开源软件呢？

使用开源软件也有它的不足之处。例如，使用开源软件对用户的要求很高，因为很多开源产品缺乏良好的文档记录，或者说根本就没有文档记录。在许多情况下，你会发现文档已经过时了。另外，社区版开源软件不能保证一定是完整的，用户要自己识别和判断，可能要挑选多个开源软件才能满足用户的需求。这好比在宜家购买家具一样，如果没有上门安装人员的帮助，用户要耗费大量的时间来搞懂说明书并组装家具，这对于大多数普通消费者来说无疑是一个不小的挑战。

还有一个比较棘手的问题，那就是社区版开源软件更新很快，3 个月可能就会迭代一个新版本，如果单纯使用社区版开源软件，不做任何开发，新的社区版不一定能够按照使用方的需求路径发展；如果用户在引入开源软件的同时做了二次开发，最好积极地向社区反馈，保障自身使用版本和社区版一致，否则，后续多个版本迭代之后，自己开发的版本没有被社区吸纳，以后每次社区版更新，企业同步更新的成本就会越来越高。

这样看来，社区版开源软件更像是"修修补补"就启动的旧式火车，使用社区版开源软件需要与之配套的维护团队，这其中涉及的成本有可能高于采购闭源软件。

那么，既想使用开源软件，又想省时省力，还有没有其他的路径呢？有的！可以采购开源服务，购买商业发行的开源软件。

目前，已知的 Linux 发行版就有 300 多种，其中比较成功的商业发行版包括 Red Hat、SUSE、Ubuntu 等。全球范围内基于 OpenStack 提供支持和服务的企业超过 150 家，OpenStack 基金会发起的第 11 次全球 OpenStack 用户调查显示，华为、Red Hat、EasyStack（易捷行云）是 2018 年排名前三的 OpenStack 软件供应商；大数据领域的 Hadoop 除了 Apache 版本之外，华为发行版、Intel 发行版、Cloudera 发行版和 DKhadoop 发行版均有广泛应用，其中很多发行版都是收费的商业软件。

基于开源的商业版软件通常采用两种方式来发行：一种是双许可证，另一种是依商业许可重新发行。

所谓双许可证是指其软件是基于开源许可证开发的，但是除了开源许可证，还有其他的许可条款。用户可以无偿使用免费的开源版本，这也是商业版本的一部分。如果用户有进一步的需求，且免费版本不能满足用户的需求，商业的技术支持和服务等则需要另行付费了。

以数据库软件 MySQL 为例，来看看双重许可是怎样实现的。MySQL 公司对产品代码拥有完整的著作权。在开源许可之下，软件的源代码完全公开，任何人都可以下载 MySQL 软件来使用、修改和传播。如果其他公司希望在其商业软件中集成 MySQL，并保持原有软件的私有性，就必须选择私有许可，即向 MySQL 公司支付一定的许可费。采用混合许可，可以灵活地通过许可协议实现差异化，以实现由产品外部应用所带来的收益最大化。

除双重许可证外，还有依商业许可重新发行，这是指如 Apache、BSD 的一些宽松许可证，是允许以商业且闭源的方式进行二次发行的。其中，最为著名的例子就是苹果公司的 MacOS 操作系统，其内核是使用 BSD Unix，经过苹果的二次发行重新发行的。这样的方式在国内也很常见，例如，OpenStack 采用的是非常宽松的 Apache 协议，OpenStack 再次商业发行时，包括自行修改的代码，以及新增的代码是可以不开源的。

总体来看，比较著名的开源社区版软件大部分有相应的发行版，其背后都有软件供应商的支持，对于企业用户而言，这样的模式相比采购闭源软件，以及使用社区版开源软件，属于折中的模式。

开源服务有两种模式。一种是不提供代码迭代（代码迭代是重复反馈过程的活动，通常是为了逼近所需目标或结果。每一次对过程的重复称为一次"迭代"，而每一次迭代得到的结果会作为下一次迭代的初始值）的服务，基于社区版解决问题，依托于社区贡献来获得升级。另一种是可以基于社区版代码做优化，提供更切合企业需求的方案。这两种模式好比买衣服：第一种就像是在商场买到的衣服，这类一般都是成品，是按照一定标准生产出来的；第二种就像是成

衣高级定制，要根据顾客的喜好、身材和需求定制符合顾客个人的衣服。

使用开源服务，规避了可能会被一家供应商绑定的问题，选择社区版技术路径之后，可以有多家供应商提供服务，更换相对容易，与此同时，专业的团队（很可能是社区核心贡献者）提供专业服务，可以快速解决应用问题，同时供应商可以作为用户和开源基金会的反馈渠道，将企业自身需求映射到下一个版本的迭代中。

（2）采购商业软件开源风险可能更"隐蔽"

在开源软件、云服务兴起之前，大多数企业一般会选择购买商业软件，因为这种购买行为对于企业而言，属于常规的企业采购，采购之后有安装、有实施、有售后，企业负责人往往也会认为这样的采购是有保障的。

企业通过采购购买了操作系统、数据库等，构建起自身的信息系统，安装部署之后还有相应的团队做维护保障，用于应对闭源软件部署之后面临的各种问题。采用闭源软件，企业只需要提需求和日常运维，由软件供应商进行安装以及解决各种问题。

在购买、实施、维护的整个过程中，企业会产生高昂的总体拥有成本，还很有可能存在厂商绑定的问题，供应商提供了什么应用，就只能使用什么应用，由于闭源软件看不到源代码，会影响后续应用的延伸和迭代，如果需要更换供应商，就会产生更大的麻烦，因此闭源的隐患不容忽视。

那么，购买的商业软件就完全和开源没有关系了吗？显然不是！企业用户所购买或使用的商业软件，经常会包含开源成分。很多商业软件是基于开源做二次开发后，以闭源的形式提供给用户的，但用户一般只知道自己购买了商业软件，对其中可能涉及的开源风险却一无所知。

通常情况下，用户没有特殊的要求，商业软件供应商一般不会刻意说明软件中是否涉及开源，而用户一般不会直接接触到软件的源代码。因此，用户在很多情况下，不明所以被动地引入了开源软件，即使想遵守开源规则也无从下手。

2018 年，红芯浏览器就闹出了"大乌龙"。红芯浏览器一直宣称自己的浏览器是自主研发的，然而经过行业测试，红芯浏览器其实是基于开源项目 Chromium 进行了封装，而红芯浏览器却只字未提。

红芯浏览器的用户购买了商业软件，但这个软件包含了开源的成分，不知情的用户使用了该开源软件。从这个角度来说，很多时候并不是用户主动选择了开源，而是被动使用了开源之后才意识到。如果不了解开源法，则有可能面临一些风险。

（3）警惕！所谓的"自研"有可能是工程师复制开源代码

在企业内部，特别是具有庞大的信息科技部门的企业，

一些轻量级程序采用自研的形式，也有可能会出现"乌龙"的自研。有些软件工程师有时为了保证上线进度会在社区里参考开源代码，而没有关注开源代码的使用规则，可能就会把开源的使用风险带到企业内部，这样的现象，很容易被忽视，会为企业带来隐患。

无论是否喜欢，开源对于企业来说已经成为顺其自然的方向；无论喜欢与否，开源是企业数字化过程中无法逾越的潮流。企业管理者不能再对开源视而不见，与其掩耳盗铃，不如直面开源，发挥开源带来的便利，防范开源带来的风险。

3 开源是怎样兴起的 → •

3.1 开源是一种黑客精神

说到这里，大家应该不会再对开源的趋势存在疑义了，但大家可能还不能理解，开源的口号是在什么背景下出现的，又是如何发展至此的。

早期的开源是兴趣驱动的，经常是个人行为，学术色彩浓郁，公益色彩充斥着开源社区和开源基金会。这个阶段主要以个人和大学为主，因为那个时候还没有互联网，发布条件受限，大多数开源软件无法得到有效传播，而仅仅流传于互相熟悉的程序员和老师、学生之间。这个时候，还是自由软件，还不叫开源软件。

自由软件和开源软件还是有很大区别的。

自由软件采用只向用户提供二进制代码、禁止逆向工程和版本控制等方式，极大地限制了用户自由使用软件权益的商业模式，导致赚得盆满钵满的全球性软件巨头，不仅从思想上"背叛"了开放共享的计算机传统，更抑制了全球软件业的创新和发展。

《版权法》默认是禁止共享的，没有许可证的软件就等同于保留版权。因此，所有软件都会带有授权许可，允许或

禁止用户做什么。自由软件运动反对将软件私有化的一切形式，包括知识产权、版权和申请专利等。具体做法是巧妙地应用《版权法》来反对版权，用版权声明软件是拥有版权的："任何人都拥有运行、复制、发布和修改自由软件的权利，并且任何人都能够得到自由软件的源代码。"这就像公开发表一篇文章，一般会注明"未获作者同意，禁止转载"或是"欢迎引用，但需注明出处"等。

1991 年，林纳斯·托瓦兹（Linus Torvalds）在互联网新闻组发布了一个帖子，询求创建更好的操作系统的建议。他创建项目的原因只是出于个人爱好。他说，自己在这方面永远不会是"大而专业"。1994 年，Linux 第一个正式版本发布。以林纳斯·托瓦兹为代表的一群人在当时被叫作"黑客"，他们以兴趣为出发点，痴迷计算机技术，喜欢突破和挑战，不断地打破常规，写出越来越多精妙的程序。

这群黑客信仰自由和极客精神，强烈的好奇心驱使他们探索一种全新的软件形式，他们创建的开源精神的本质就是"我开发了一个软件，大家都来用吧"。"炫技"也成为这群最初推动开源的黑客们的目的之一，他们通过让公众免费获取开源软件源代码来显示自己技术的优秀，因为这是要经得住众多同行和用户推敲的。黑客之间是喜欢共享的，他们在创建新事物时喜欢互相帮助来解决彼此遇到的难题，并且喜欢修补事物，并乐在其中。

玛琳·怀恩特斯（Marleen Wynants）和简·科内利斯（Jan Cornelis）在他们的论文《未来会有多开源》里讨论免费和开源软件对经济、社会和文化的影响时提出，Linux 不仅仅只是黑客的"玩具"。在 Linux 的推动下，开源黑客文化已从地下浮出水面。业余黑客程序员开始和软件生产和分销部门结成联盟。于是新的公司和组织伴随着新产品、许可证和团队一起建立了。

为了表达对软件版权 (Copyright) 的憎恶，黑客们甚至生造了一个单词 Copyleft，还创造出了 GPL（通用公众许可协议）来保证和保护同道中人彼此能够共享软件产品。GPL 的基本原则是，你可以"自由"地运行、拷贝、修改和再发行使用 GPL 授权的软件，但你也必须允许别人也能"自由"地运行、拷贝、修改和再发行该软件，以及你在该软件的基础上加以修改而形成衍生的软件产品。

自由软件的核心主张是赋予用户充分的自由权，但自由软件给出的解决方案是反对版权化和商业化，这是不现实的。

从整个 IT 行业的发展进程来看，自由软件采用只向用户提供二进制代码、禁止逆向工程和版本控制等方式，极大限制用户自由使用软件的商业模式，导致赚得盆满钵满的全球性软件巨头，不仅从思想上"背叛"了

开放共享的计算机传统，更抑制了全球软件业的创新和发展。

在第一个时代，软件是知识，没能与商业有机结合，被当作计算机的赠品了。在第二个时代，来了一个 180 度的转弯，软件只是财富，没能发挥知识的作用，严重限制了知识的共享、传播和创新。自由软件是对软件认知的再次 180度转弯，想褪去当时软件沾染上的"铜臭味"，从第二个封闭的商业时代回到原始的开放时代。

自由软件运动引领了新思潮，却开出一剂老药方。

此刻，我们讨论的是具有现实意义且符合社会发展规律的，且能推动创新的开源。

3.2 开源生态圈逐渐扩大

开源中强调的自由主要有两大部分：用户的自由和知识传播的自由。用户的自由是指软件不应该干涉和限制用户对机器的完全控制。其中，包括用户任意修改软件行为的自由和再发布的自由，因此在这个层面上，自由软件必须是开源的，不必是开放版权（Copyleft）的。另一个知识传播的自由则是指 Copyleft。思想只有传播才能体现价值，只有整个社区合作才能带来社区的发展。Copyleft 的精神虽然是一种理想主义，但是这种理想主义是具有现实意义的，开源无疑为思想的传播提供了一条新的道路。

到 20 世纪 90 年代后期,二十余年软件发展的历史,已经清楚地表明,软件既具有公共知识的属性,也具有财富的属性。

1970—1980 年,以闭源软件为代表,刻意强调保护版权和专利等软件的财富属性,会抑制软件业的创新和可持续发展。

1980—1990 年,以自由软件运动为代表,刻意强调软件的知识属性,希望回到 20 世纪 60 年代前软件能够自由地"开放共享"的黄金岁月,这会让软件业的发展失去商业力量的支持。

我们生活在一个商业社会,一个知识爆炸的社会,计算机及软件技术的发展日新月异,虽然软件业不可能回到原始状态,但在自由软件运动的启蒙下,出现了第三条道路:开源软件。

1998 年 2 月 3 日,克里斯汀·彼得森(Christine Peterson)首次提出开源软件这个概念,她发表文章详细描述了开源软件的诞生过程。在英语中,"自由软件",即 Free Software,这个词很容易被误解:"Free"一词既有免费的意思,也有自由的意思。而我们所谓的自由软件,则是"一类可以赋予用户指定自由的软件"。为了不让大众混淆这个概念,"开源软件"(Open Source Software)就被引入从而代替"自由软件"(Free Software),以推广"开源"

这一概念，让大众清楚地明白其与"免费软件"之间的差别，并以较少的意识形态方式来传递价值，也让普通大众更容易理解和接受。

开源软件在开放代码和商业化之间做了折中。相对商业软件，开源软件在发行时附上软件的源代码，并授予用户使用、更改和再发布等权利。相对自由软件，开源软件的大多数授权协议，允许版权和专利的存在，不反对将软件私有化和商业化。开源软件对私有化的"红线"，是必须开放源代码。

自由软件和开源基本上是同一范围的程序，它们共同的"对手"是闭源软件。然而，出于不同的价值观，它们对这些程序的看法大相径庭。自由软件是一个道德底线，是对用户自由的基本尊重，是为用户的计算自由而战斗，是为自由和公正而战斗。相反，开源哲学认为非自由软件之所以不好，是因为它们采用了一种劣等的开发方式，重视的是实用而不是原则。

开源奉行的是实用主义，允许商业化，许可要求比自由软件宽松一些，构建了多种许可证以满足不同的场景需求。结果，自由软件成了对用户限制最严格的一类开源软件，成了开源软件的子集。在流行的开源许可证中，只有 GPL 许可证的开源软件是不能作为商业用途的，其他虽然有限制但是可以作为商业用途的，例如，Apache

License 2.0 允许修改代码并作为开源或商业产品再发布或销售。

在这里，我们先不展开描述，从自由软件到开源软件，如同打开了一扇新的大门，不仅仅让开源软件重新赋予了活力，也让产业创新有了新的思路。

● 从个人兴趣驱动到商业良性循环

不可否认，20 世纪 90 年代到 21 世纪初的 10 年间，开源在其发展的前期阶段，一直都是追随者。闭源软件凭借其绝对的领先优势，企业用户因为没有更多的选择，闭源软件可以踏踏实实地处在封闭的生态中，丝毫不惧怕竞争。

微软的 Windows 桌面操作系统几乎一统天下，于是，就有人模仿 Windows 做了开源的 Linux。微软的 Office 办公软件做得好，却是模仿了开源的 OpenOffice。有 IBM ESB 和 Oracle ESB 的企业级服务总线珠玉在前，给有了开源的 FuseESB 替代。

随着互联网和移动互联网的深入发展，新的互联网巨头公司崛起，他们用新的竞争模式，新的竞争格局，为 IT 行业注入了新的活力；而那些老牌的，传统的 IT 巨头们所固守的闭源软件市场成为保守派，不断地受到来自行业新贵们的挑战。

开源软件开始与闭源的商业软件同步开拓市场，形成了

一种新的竞争业态，渐渐开始引领创新发展。开源软件在不同的细分市场成为行业第一的案例陆续出现。例如，智能手机领域的 Android、浏览器领域的 Chrome、SDN 领域的 OpenDaylight、云计算领域的 OpenStack、大数据领域的 Hadoop、人工智能领域的 Tensorflow 等。

开源的好朋友互联网，又是此时的推手。互联网技术迅猛发展，云计算市场形成，企业 IT 交付的方式渐渐向云化发展。传统卖服务器、存储、网络的那些 IT 公司，那些传统的电信设备商和运营商，竞争对手突然变成合作伙伴，合作伙伴变成竞争对手。

不断变化的软件交付模式，逐渐演变的商业模式，开源再次成为业界焦点。当然，开源的商业色彩越来越浓重，新的开源商业模式让闭源软件措手不及。

开源过去经常是公司赞助的"个人行为"，虽然兼顾了一些个人兴趣，但是，这些个人兴趣逐渐开始被"买单"了，开源社区和开源基金会开始有了"公司化"的味道，反倒让市场化这双背后的手，推着开源步入良性循环。开源软件的商业模式日趋明显，于是，闭源软件与开源软件的竞争态势，出现了新的变化。

● 从非主流变成主流

早期的开源项目数量少，而且大部分是独立的工具软件，还没有出现可以在 IT 系统中担当顶梁柱作用的软件。

经过 20 多年的发展，逐渐增多的贡献者以及越来越多的开发者参与到开源当中，典型的当属微软公司；Red Hat、SUSE 等公司也因为开源实现了企业价值。一些 IT 领域中的重要组件都是开源来挑大梁的，尤其是在云计算领域，很多重要的组件，诸如 OpenStack、Docker、Kubernetes 等都是开源的。

> 2010 年，NASA（美国国家航空航天局）联手 Rackspace，在建设美国国家航空航天局的私有云过程中创建了 OpenStack 项目，之后他们邀请其他供应商提供组件，建立了一个完整的开源云计算解决方案。OpenStack 是一个开源的云计算管理平台项目，由几个主要的组件组合起来完成具体的工作。OpenStack 支持几乎所有类型的云环境，项目目标是提供实施简单、可大规模扩展、丰富标准统一的云计算管理平台。OpenStack 通过各种互补的服务提供了基础设施即服务（IaaS）的解决方案，每个服务提供 API 以进行集成。OpenStack 项目的首要任务是简化云的部署过程并为其带来良好的可扩展性。

放眼整个 IT 互联网行业，开源也从"调味品"变成"主菜"。早期的开源，说的就是软件，一开始具体领域也主要集中在底层的共性技术，例如，操作系统、中间件和数据库等。

开源法则

现在，几乎所有领域的软件都开源了，包括操作系统、编译工具链、数据库、Web 服务器、移动操作系统等。

开源已经不仅局限于软件领域，开源意味着自由选择的权利和对知识的开放共享。一些图书把开源的相关内容开放给公众，供人阅读学习。更广义地讲，网络上的博客、知乎上的回答、App 上的食谱都可以认为是开源的文字知识。

仿照软件的开源方式，硬件参考同样的方式来开放计算机和电子硬件的设计，成为开源文化的一部分。例如，OCP 组织开放了数据中心和设备的设计；开放数据中心委员会（ODCC）开展百盒交换机工作，深入服务器、数据中心、开放网络等数据中心领域进行研究。

开源是一种思想，一种生产模式，给更多的领域以新的启发。

特斯拉在 2014 年 6 月 12 日宣布将其持有的所有专利开源，特斯拉将开源精神带到了汽车领域。作为一个汽车行业的新进入者，特斯拉的诞生，浑身上下都充满了互联网基因，这种基因让特斯拉成为汽车领域的新贵。特斯拉的这种决定除了践行互联网精神外，还有另一方面的考量，那就是特斯拉想要定义未来电动汽车市场的野心。特斯拉汽车局部如图 1.9 所示。

图 1.9 特斯拉汽车局部

开放专利从表面上看，是让竞争对手占了便宜，竞争对手可以站在特斯拉的肩上看电动汽车的世界，省去了从零开始的原始技术积累。特斯拉无形中增强了特斯拉技术的普适性，完善了未来电动汽车市场标准制订中的关键布局，在未来市场话语权中抢占了有利的地位，就像当年谷歌用 Android 来布局智能手机市场一样，特斯拉在已有百年历史的汽车行业中杀出另一条路。

● 开源在中国

开源最初起源于国外，大家耳熟能详的开源项目一般也都是由国外企业或一些顶尖开发者主导的。

国内开源软件的发展大致开始于 1997 年前后，当时中国第一个（局部）互联网（CERNET）刚刚建立不久。1998 年之后的两三年出现了 3 个开源软件的代表作：

LVS(Linux Virtual Server)、Smart Boot Manager 和 MiniGUI。

国内企业初期参与开源的方式一般是跟踪国外顶级项目，先从成为贡献者起步，逐步在开源社区中争取话语权，这个过程实际上就是国际项目本土化的过程，中国企业将国外的成果"引进"中国，这是一个把国际项目在中国打开局面的过程，吸引中国用户参与到开源项目中，加入已有项目的"朋友圈"，成为其中的一分子。

自 2005 年起，中国的开源软件的发展迎来了发展的高潮，进入由大型企业所主导的阶段，参与开源项目的企业有阿里巴巴、新浪、百度、腾讯、华为等。同时，随着"开源中国"等社区的兴起，个人主持或者参与的开源软件也逐渐增多。

这些年，中国开源领域的话语权也在不断加大，国内企业参与开源社区贡献日益增多，并开始担任重要职位。国际开源基金会中国会员及项目情况见表 1.4。

表 1.4 国际开源基金会中国会员及项目情况

单位：个

开源基金会	会员数	托管项目数	中国会员数	中国项目数
Linux 基金会（不包括子基金会）	607	100	28	15
Apache 基金会	55	350	4	11
OpenStack 基金会	140	56	9	–

国内企业在学习国外先进经验的同时，其开源意识也在同步加强。国内企业纷纷选择自主研发，并通过开源的方式来发展生态，建立以开源企业为核心的生态圈来主导和引领技术发展。

我国自主研发的开源项目涵盖底层操作系统、物联网操作系统和编译器，中间层边缘计算、容器、中间件、微服务、数据库和大数据，上层前端开发、移动开发和 UI 框架，另外还有人工智能领域、运维和其他热门开源项目，基本覆盖目前主要的技术领域，近 30 个开源项目已经捐赠给开源基金会，走向国际。中国开源生态地图如图1.10 所示。

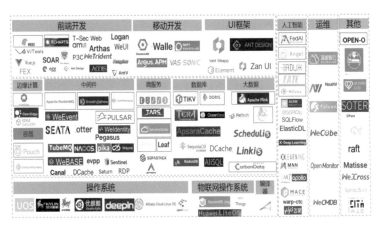

数据来源：中国信息通信研究院

备注：红框代表开源项目捐赠给开源基金会

图 1.10　中国开源生态地图

我国头部科技公司贡献了大量的开源项目，百度、阿里巴巴、腾讯和华为等企业开源数量连年增长，国内头部科技公司在 GitHub 上的开源数量如图 1.11 所示。

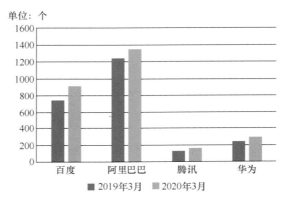

单位：个

■ 2019年3月　■ 2020年3月

数据来源：公开数据整理，2020 年 7 月

图 1.11　国内头部科技公司在 GitHub 上的开源数量

表 1.5 为阿里巴巴、腾讯、华为、百度和小米在 GitHub 上的热门开源项目。

表 1.5　国内头部科技公司在 GitHub 上的热门开源项目

企业名称	开源项目名称	GitHub Star 数目
阿里巴巴	ant-design/ant-design	45.7k
	ElemeFE/element	37.1k
	apache/incubator-dubbo	26.1k
	ant-design/ant-design-pro	18.3k
	Alibaba/fastjson	17.1k
	Alibaba/druid	15.9k
	Alibaba/p3c	14.5k
	ElemeFE/mint-ui	13.8k
	Alibaba/ice	12k
	Alibaba/arthas	11.5k

续表

企业名称	开源项目名称	GitHub Star 数目
腾讯	Tencent/weui	22k
	Tencent/wepy	17.5k
	Tencent/tinker	13.4k
	Tencent/mars	12.3k
	Tencent/VasSonic	9.4k
	Tencent/weui-wxss	9.1k
	TarsCloud/Tars	8.3k
	Tencent/vConsole	8.3k
	Tencent/Tencent/omi	8.2k
	Tencent/QMUI_Android	7.5k
	Tencent/Rapidjson	7.4k
华为	Awesome- HarmonyOS	13.6k
	LiteOS/LiteOS	3.8k
	mindspore/mindspore	1k
百度	PaddlePaddle/Paddle	11.4k
	baidu/tera	1.8k
小米	XiaoMi/mace	3.9k

● 开源风险相伴相生

毋庸置疑，开源技术在云计算、大数据等诸多重要技术领域已经成为主流，开源的价值已经被越来越多的国内企业认可。除了新兴的互联网行业外，金融、石油等传统行业也开始引入开源软件，特别是在对可靠性、安全性要求极高的金融、能源等行业，纷纷向开源抛出了橄榄枝。

相比闭源的商业软件，开源代码公开的好处显而易见，然而开源背后，开源许可证的复杂性却很少被人关注，在引入开源的同时，"引狼入室"的现象也时有发生。

概括来看，企业引入开源软件的风险可以分为许可证合规和知识产权风险、运维和技术风险、安全和数据风险以及管理风险四大类。

近几年，国内企业在接纳使用开源的同时，也开始逐渐了解开源的风险，事与愿违的是，企业中真正懂开源的人才相对匮乏。当然，开源风险防范及开源治理工作任重而道远，意识到开源的风险，就是一个很好的开始。

3.3 背道而驰者，也是有的

● 先从开源 "涨身价" 说起

2018 年，IBM 以 340 亿美元的价格收购了开源企业红帽公司，红帽为什么这么值钱？让我们先了解一下，红帽是做什么的。

1993 年红帽成立。红帽主要 "为企业客户提供基于开源技术的解决方案、免费提供软件"。1999 年红帽上市，成为华尔街历史上上市首日融资额排名第八的公司。2012 年红帽营收超过 10 亿美元，2016 年红帽营收超过 20 亿美元，这让它在开源界已经无人能敌。

再来看 IBM，目前云计算服务是 IBM 公司四大业务之一，IBM 在整体营收下降的同时，它在云计算领域的收入持续增长，这使 IBM 从 2012 年开始就一心向云。面对在云

基础架构业务方面的亚马逊、微软、谷歌等强劲对手，IBM
需要一个杀手锏，而这个杀手锏无疑就是在云计算开源领域
的红帽了。

红帽在开源界也算是独一无二的存在，在开源还并不
那么主流的时候，红帽就很艰难地存活了下来。红帽有点
像提供开源软件的超市，来完成用户需求和开源社区的对
接，还能跨基金会解决问题。红帽所提供的服务，也没有
其他竞争对手参与，反而在这些年的积累之下，变成了一
种独特的存在。

于是在 2018 年，IBM 以 340 亿美元的成交额收购了
红帽，再结合微软收购 GitHub 的行为，我们可以很容易地
看出这些行为释放了一个信号：开源进入主流市场。

其实，在收购红帽之前，IBM 就参与了上千个开源
项目和社区。由于内部大量采用了开源代码，IBM 还是向
GitHub 组织和代码库提供开源代码贡献最多的公司之一。

IBM 对开源项目的重大贡献包括：将 Java 运行时 J9
作为 Eclipse OpenJ9 孵化器贡献给了 Eclipse 基金会、
将用于 Java EE 和 MicroProfile 应用程序的 OpenLiberty
runtime 贡献给了 openliberty.io、向开放区块链项目
Hyperledger Fabric 贡献了源代码、向 Apache OpenWhisk
贡献了无服务器平台源代码、开放了 IBM 量子计算 API
Qiskit、开放了 IBM AI Fairness 360 工具包（AIF360）和

AI Robustness Toolbox（ART）、开放了多个分析项目源代码并成为 Apache Toree 和 Apache SystemML，以及过去 3 年里还有超过 100 个其他贡献。

业界普遍认为，IBM 收购红帽旨在布局"多云时代"，微软收购 GitHub 是想与云计算巨头 AWS 一争高下，几乎所有的云计算公司也都看到了开源已是大势所趋。

云计算领域已经稳坐第一把交椅的 AWS 早已开始积极布局开源。AWS 在 2018 年 3 月宣布将《AWS 开发者指南和用户指南》上传到 GitHub 上，邀请感兴趣的人通过 pull requests 的形式来贡献变化和改善文档。AWS 在"2018 re: Invent"大会上发布了一款免费的"Open Java Development Kit: Amazon Corretto"。相关专家表示："看看微软和 IBM 在开源所做的投入，像 AWS 这样的云巨头未来没有理由不积极拥抱开源。"

云服务提供商将利用开源来扩大自己的影响力，吸引开发者加入，从而打造和壮大自己的生态。开源与云计算的结合是大势所趋，这二者的竞争也会为产业发展带来新的力量。

神仙打架，是否会对开源软件公司乃至开源社区产生广泛的影响仍然有待时间的检验，但可以预见的是，云计算服务提供商"免费"使用开源软件的美好时代，正在逐步走向终结。

● 名利双收？做不到啊

当然，硬币有正的一面，就也有反的一面。

1979 年，拉里·埃里森（Larry Ellison）使用汇编和 C 语言主导开发了第一个商用关系型数据库 Oracle，那时候，发布 Oracle 的公司还叫 RSI。1982 年，RSI 更名为 Oracle。Oracle 数据库一路领跑数据库十几年，成为世界上最流行的关系型数据库之一。2010 年，甲骨文公司收购了它的竞争对手 SUN 公司，获得了两个重要的产品：MySQL 和 Java。

Oracle、MySQL 和微软的 SQL Server 可以说是占据市场份额最大的三大数据库，在收购完成之后，甲骨文公司同时拥有了两款数据库产品：商业数据库 Oracle 和开源数据库 MySQL。

很多人存有疑问，为什么甲骨文公司会给自己的商业产品保留一个免费开源产品的竞争对手呢？超越 MySQL 不是可以让收费的 Oracle 数据库得到更多的市场机会，从而获得更多的公司盈利收入吗？

实际上，事实并非如此。Oracle 数据库主要走高端路线，售卖价格也相对较高，其用户群体多为大型企业，这些企业一方面拥有足够的资金，另一方面企业对数据安全性和服务支持能力要求较高，因此愿意付钱购买 Oracle——这

种拥有强大商业支持和商业品牌的数据库产品。

MySQL 因为其开源、免费的特性，总拥有成本低，受到众多中小企业使用者的拥护。同时，MySQL 拥有活跃的开源社区，社区的支持者对于 MySQL 而言，是强大的支撑力量，同时也为甲骨文公司在开源领域赢得了潜在的声誉。

事实上，MySQL 和 Oracle 重叠的范围比很多人想象得要小得多，对于甲骨文这家商业公司而言，MySQL 和 Oracle 不能构成竞争关系，这两款产品组合，面临的最大竞争对手是微软和 IBM 的数据库产品 MS SQL Server 和 IBM DB2。

如果甲骨文放弃 MySQL，主推自己的商业产品，就意味着，要么说服中小型用户去选择昂贵的 Oracle 数据库产品，要么把潜在用户送到竞争对手微软 MS SQL Server 数据库或 IBM DB2 的怀抱，从商业的角度来讲，这是一个不明智的选择。所以，甲骨文同时拥有开源和闭源两款数据库产品，使 MySQL 和 Oracle 数据库分别在中低端和高端市场上占据强势地位。这样的做法使甲骨文在数据库领域继续保持高额利润。

DB-Engines 2020 年 2 月数据库排行显示，Oracle、MySQL 占据排行榜前两名，紧随其后的就是微软的数据库产品 SQL Server，这也有力地说明了甲骨文的差异化数据库产品策略是较为成功的，具体如图 1.12 所示。

350 systems in ranking, February 2020

Rank			DBMS	Database Model	Score		
Feb 2020	Jan 2020	Feb 2019			Feb 2020	Jan 2020	Feb 2019
1.	1.	1.	Oracle	Relational, Multi-model	1344.75	-1.93	+80.73
2.	2.	2.	MySQL	Relational, Multi-model	1267.65	-7.00	+100.36
3.	3.	3.	Microsoft SQL Server	Relational, Multi-model	1093.75	-4.80	+53.69
4.	4.	4.	PostgreSQL	Relational, Multi-model	506.94	-0.25	+33.38
5.	5.	5.	MongoDB	Document, Multi-model	433.33	+6.37	+38.24
6.	6.	6.	IBM Db2	Relational, Multi-model	165.55	-3.15	-13.87
7.	7.	↑8.	Elasticsearch	Search engine, Multi-model	152.16	+0.72	+6.91
8.	8.	↓7.	Redis	Key-value, Multi-model	151.42	+2.67	+1.97
9.	9.	9.	Microsoft Access	Relational	128.06	-0.52	-15.96
10.	10.	10.	SQLite	Relational	123.36	+1.22	-2.81
11.	11.	11.	Cassandra	Wide column	120.36	-0.31	-3.02
12.	12.	↑13.	Splunk	Search engine	88.77	+0.10	+5.96
13.	13.	↓12.	MariaDB	Relational, Multi-model	87.34	-0.11	+3.91
14.	14.	↑15.	Hive	Relational	83.53	-0.71	+11.25
15.	15.	↓14.	Teradata	Relational, Multi-model	76.81	-1.48	+0.84
16.	16.	↑21.	Amazon DynamoDB	Multi-model	62.14	+0.12	+7.19
17.	17.	↓16.	Solr	Search engine	56.16	-0.41	-4.81
18.	↑19.	↑19.	SAP HANA	Relational, Multi-model	54.97	+0.28	-1.58
19.	↓18.	↓18.	FileMaker	Relational	54.88	-0.23	-2.91
20.	↑21.	↓17.	HBase	Wide column	52.95	-0.39	-7.33

图 1.12 DB-Engines 2020 年 2 月数据库排行

● 纠结的Java

甲骨文在 Java 的策略上，则是走了另一条路。甲骨文之所以收购 SUN 公司，是因为这笔收购的初衷是获得 Java。在当时的企业市场，Java 和 .NET 几乎各占半壁江山，甲骨文希望通过重量级的 Java 在编程语言方面占据主导位置。

在 2006 年举办的一年一度的 Java 盛会——“JavaOne”大会上，当时的 SUN 公司宣布最终会将 Java 开源，并在随后的一年多时间内，陆续将 JDK(Java Development Kit) 的各个部分在 GPL v2 协议下公开了源代码，并建立了 OpenJDK 组织，对这些源代码进行独立管理。从 1996 年第一版官方 JDK 算起，到 2006 年 Java 已经十岁了，很多人认为 Java 的开源为这个高龄的编程语言延续了寿命。TIOBE 指数曾宣布 2015 年是 Java 语言年，从普及的角度看，有些调研显示 Java 拥有 900 万开发者，可以说 Java 在编程语言中的霸主地位不容置喙。

甲骨文通过收购 SUN 公司获得 Java 后，同时拥有 Java 的两种提供方式：一种是依旧开源的 OpenJDK，另一种是收费的 Oracle JDK。二者建立共有的组件基础，但 Oracle JDK 中还会存在一些 Open JDK 没有的、商用闭源的功能。2018 年，甲骨文官方宣布自 2019 年 1 月 1 日起，如果没有商业许可，Java SE 8 公开更新将无法用于"商业，商业或生产用途"。总结起来主要有以下两点。

第一，无论是商业版还是个人版的 Java 8，再过两年就不再更新了，如果想要更新的话则需要付费。

第二，Java 11 不再区分个人版和商业版了，如果不付费，就只能用 Java 11 来做一些离线的工作，而不能用于公开商用。

甲骨文官方发布的 Java SE 支持路线，Java 版本发布和支持周期的相关信息如图 1.13 和图 1.14 所示。

其实，甲骨文并不是只有这一次收购，相反的，这家公司有着近乎频繁的收购行为：数据库、中间件、管理软件、服务器和存储系统，甚至行业解决方案，这些领域都有甲骨文收购的身影。总结来看，我们可以发现，甲骨文公司采取的策略是把对它构成竞争的产品和企业收购到自己的名下，消除竞争威胁，保证自己利润的最大化。

Oracle Java SE Support Roadmap[*†]				
Release	GA Date	Premier Support Until[**]	Extended Support Until[**]	Sustaining Support[**]
6	December 2006	December 2015	December 2018	Indefinite
7	July 2011	July 2019	July 2022	Indefinite
8	March 2014	March 2022	March 2025	Indefinite
9 (non-LTS)	September 2017	March 2018	Not Available	Indefinite
10 (18.3[^]) (non-LTS)	March 2018	September 2018	Not Available	Indefinite
11 (18.9[^] LTS)	September 2018	September 2023	September 2026	Indefinite
12 (19.3[^] non-LTS)	March 2019[***]	September 2019	Not Available	Indefinite

图 1.13　Java SE 支持路线

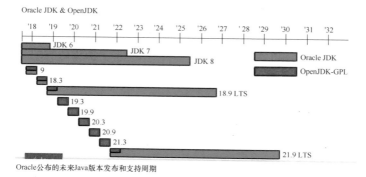

Oracle JDK & OpenJDK

Oracle公布的未来Java版本发布和支持周期

图 1.14　Java 版本发布和支持周期

"名利双收"是一种理想化的状态,既要开放源代码,又想保证利润最大化,这样的情形是难以并存的。开源,可以扩大生态圈,聚拢更多的朋友,但也可能因此伤害到自身的经济利益。

当开源和闭源面对不同的竞争环境,做出不同的商业选择,都是正常的市场行为,没有对错之分,没有道义高下之分,所谓存在即合理。

3.4 开源精神成为潮文化

2019 年 3 月 27 日,一个名为"996.ICU"的项目在 GitHub 上传开,这并非一个真正的开源项目,因为一行代码都没有,这个项目的发起是程序员们为了共同抵制互联网公司的 996 工作制度,发起人这样写道:"什么是 996.ICU?工作 996,生病 ICU。"在很短的时间内,这个项目就获得了几十万次阅读和点赞。

大多数互联网公司的工作制度,因为这个"开源项目"引发了全社会的关注。

GitHub 是我们反复提到的一个开源代码托管平台,也是微软斥巨资买下的托管平台,上面有数百万个开发者和爱好者托管代码,下载、评论和修改别人的代码,这些开发者和爱好者因为共同的兴趣爱好聚集在一起。该平台于 2007 年 10 月开始开发,网站于 2008 年 4 月正式上线。

正是由于程序员特殊的表达诉求的方式，使其他程序员产生强烈的共鸣，才会获得如此高的社会关注。同时，这件事从一个侧面有力地说明了，GitHub 作为一个开源社区，在信息传播中可以产生巨大的影响力，这也进一步显示出，开源已经成为一个新文化趋势。在不远的未来，开源软件的协作生产方式，将会变成未来社会的主流生产方式。

开源本身并没有限定为开源软件，只是一种工作和协作模式。因为开源软件有特定的开源许可证，来限定源代码的管理方式，所以开源软件的推广认知度较高，也相对成熟，但这并不代表开源世界只有开源软件的存在。

源代码是程序员们的知识，是程序员用来传递产品，表达自己思路的一种形式。开源软件的存在，开源软件的发扬光大，实际上是一种思想的传递和交流。开源最核心的东西，在于大家可以自由地参与某项工作，传递和交流自己的想法，并且共同创造出某种"产品"。

当这个"产品"是代码或软件的时候，就叫"开源软件"。这也是大家耳熟能详且接触最多的，而且开源代码规模一直在飞速增长。

当协作生产出来的"产品"是硬件的时候，就叫"开源硬件"。开源硬件也是开源文化的一部分，正如同开源软件有开放代码促进会（Open Source Initiative，OSI）一样，

开源硬件也有开源硬件协会（Open Source Hardware Association，OSHWA）。

十几年来，伴随着几个主流的开源硬件项目和相关公司的出现，例如，OpenCores、Reprap、Arduino、Intel IoT on Instructables 和 Open ProtheTlcs Project 等，开源硬件逐步成为焦点，开源硬件推动了接口和流程的标准化，进一步大幅降低了硬件的入门门槛。

除了开源软件和开源硬件之外，与开源思想一脉相承的还有开放标准、开放 API 等。实际上，以上这些都是开放运动的一部分。

开放标准其实与我们的生活密切相关，我们现在使用的网络标准，如以太网、TCP/IP 和 WWW 等均是开放标准，然而历史上也有很多著名的封闭私有网络标准，如 IBM 的 SNA、DEC 的 DNA、Novell 的 IPX/SPX 等。开放标准目前没有统一的定义，但"开放标准准则"可以参考 2012 年 W3C、IEEE、IAB、IETF 和 ISOC 共同定义的所谓"五项基本原则"。与标准息息相关的就是标准组织，目前开放标准的权威组织有 ITU-T、IETF、W3C 等。

开源的多方协作模式，交流经验、共享知识的方法，已经从软件扩展到其他开放内容，例如，图书、音乐乐谱、法律文件甚至购房指南等。这种开放也可以进一步形成一种方法论，推广到开放设计、开放制造、开放科学等领域，让这种思想被更多的行业接受。

前面我们就提到了，开源和互联网信奉同样的理念，它们是一对好朋友，开源在软件代码领域的成果，延伸到了外界，其实也就是互联网思想的外溢，开源所倡导的开放、协作的模式，互联网的分享理念被越来越多的行业所接受。

> 开源今天之所以成为"网红"，是因为顺应了历史潮流。
>
> 从技术背景来看，互联网技术的成熟，为开源提供了可分工协作的大环境；开源技术真正被认可，也是得益于互联网行业大规模使用开源技术。
>
> 从商业发展的逻辑来看，自由软件只能算是一种精神信仰，没有解决软件行业的生存发展问题，被时代抛弃是很正常的；从自由软件到开源软件，解决了商业模式，让市场这只无形的手来推动开源，才能让开源得以健康持续发展。
>
> 开源可以是交朋友的好手段，但当面临商业选择时，闭源是赚钱的更直接的路径。根据马斯洛需求层次理论，先解决生存和安全问题，才能逐步解决归属和爱的需要，对于软件来说，也同样适用。
>
> 开源和互联网是一对好朋友，互相渗透，互相影响。开源作为一种文化、思潮，影响到了各行各业。

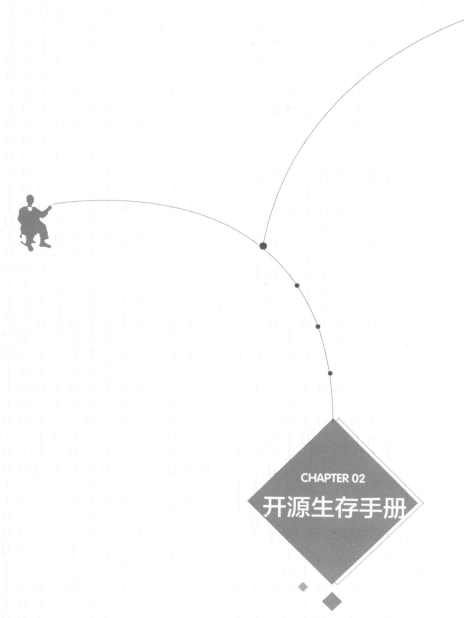

CHAPTER 02

开源生存手册

1 寻找开源的源头

1.1 开源，软件交付的新方法

从软件的发展历程可以很清楚地发现，软件开发模式的变革，是一种交付模式的变革，软件产业经历了从开源到闭源再到开源的 3 个发展阶段。

20 世纪五六十年代，软件的世界是开源和免费的，因为软件是绑定在硬件上售卖的，我们可以将其理解为买硬件送软件。那时候的商业模式是以硬件为中心的，还是传统意义上的实物销售，软件只是一种能够让硬件工作起来的附属物品。IBM 等巨头公司所开发的软件都是自由分发的，在提供软件的同时也提供源代码，这种情况下提供的源代码更像是一种售后增值服务，为了在使用硬件的过程中，软件能够被修改并且可以不断地改进，这当然也可以被理解为开源软件的早期雏形。当然，IBM 这些大公司之所以会这样无偿地提供软件，是因为他们认为软件不重要，还没有把软件当成一个有独立价值的产品。简单来说，这个时期，软件还没有成为商业化产品，并不值钱。

20 世纪 70 年代到 90 年代，随着计算机产品越来越普及，个人计算机逐渐走进寻常百姓家，计算机软件逐渐走向闭源，商业模式随之改变。计算机产品的普及，让 IT 公司进入更广泛的市场，市场参与者也越来越多。企业出于保护自家技术、确保公司赢利能力的目的，只提供可运行的软件程序，但并不对外开放源代码。随着硬件价格和利润不断下跌，销售硬件的利润逐渐减少，制造商开始期望软件能够带来额外的收入。于是，越来越多的厂商开始把软件作为独立出售的商品，不再提供软件的源代码。闭源使用户无法知道软件实现的原理，自己的特殊需求不能再通过自行修改代码得到满足。20 世纪 90 年代，以微软为代表的闭源软件巨头公司迅速崛起，并抢占了软件市场巨大的市场份额，这也是当时软件交付模式发生改变的时代产物，新的 IT 巨头的诞生，代表了一种新的商业模式的兴起。

当然，事情都是相伴而生的，当一种模式迅速崛起时，必然也会激起另外一种力量，开源的势力也就是在 20 世纪八九十年代正式形成的。

1983 年春天，GNU（GNU is Not Unix）宣言发表。

1998 年，"开源软件（Open Source Software）"代替"自由软件（Free Software）"，出现在人们的视野之中。

1999 年 8 月 11 日，第一家开始公开交易的开源公司——红帽公司上市，这是自由和开源软件具有商业意义最有力的证明之一。

　　21 世纪以后，云服务的兴起，再次改变了软件的交付模式，软件的商业模式也再次改变，软件从过去的卖盒子，卖软盘，变成用新的云方式提供服务。

　　云计算、大数据、人工智能等技术层出不穷，每个新技术的出现，总会涌现出一批又一批的新企业，他们用新的商业模式向过去的 IT 巨头发起挑战。越来越多的公司为了能够引领技术路线，控制事实标准，改变竞争格局，加入到开源的世界中，通过将自己的重要技术开源，吸引开发者参与到自己的技术路线中，壮大自己的合作伙伴生态圈，以巩固和扩大自己在新领域中的重要位置。

　　于是，开源的春天来了。

1.2　开源软件独当一面

　　开源，即开放一类技术或一种产品的源代码、源数据、源资产，可以是各个行业的技术或产品，其范畴涵盖文化、产业、法律、技术等多个社会维度。如果开放的是软件代码，一般被称作开源软件。开源的实质是资产或资源（技术）共享，以扩大社会价值，提升生产效率，减少交易壁垒和社会鸿沟。

讲到这里，大家都会有疑问：资源共享，如何体现商业价值呢？没有商业价值的驱动，开源如何生存呢？

确实，当初开源刚刚出现的时候，更像是理查德·马修·斯托曼的个人英雄主义行为。

20 世纪 90 年代后期，GNU、Linux 以及其他重要项目（如 Apache）的自由软件虽然越来越普及，但是大家还都在以"自由软件"为中心进行讨论。

但一个行业的迅速发展，需要大批人才的共同努力，需要整个生态的百花齐放。

不可否认，在那个以软件驱动的 IT 行业高速发展的时代，理查德·马修·斯托曼的做法还处于理想主义状态，软件开发者在 IT 行业飞速发展的时候，一大批能够代表先进生产力的企业层出不穷，软件人才供不应求，属于社会高端人才，他们用自己的代码作为生产力，推动了行业的进步，他们的知识产权理应加以保护。理想主义的做法，显然还没有土壤。大批软件企业的诞生和快速成长，顺应了经济的发展规律，理查德·马修·斯托曼的想法，在那个时代孤掌难鸣，他的理想始终无法实现。

自由软件更多表达的是一种态度和信仰，软件行业发

展的时候，不断变化的技术场景，日新月异的交付方式，新的开发方式，与时俱进的商业模式，才是真正为行业所需要的，更是创新的驱动力，于是，"开源软件"(Open Source Software) 的新叫法就很适宜地出现了。

开源软件是一种依据开源许可证来公开或释出源代码的计算机软件，在开源许可证中，开源软件的版权持有人授予用户可以学习、修改开源软件，并向任何人或为任何目的分发开源软件的权利。对于开源的定义，开放源代码促进会（Open Source Initiative，OSI）提出开源软件通常具备的10 个特点。

● **免费重新发行**。当软件是不同来源的程序集成后的软件发行版本中的其中一个组件时，许可证不能限制任何团体销售和分发该软件，并且不能向这样的销售或分发收取许可费和其他费用。

● **源代码**。程序包含源代码，并且必须允许以代码或已编译的形式发布。

● **衍生产品**。许可证必须允许修改原产品和衍生产品，并且必须允许在与原始软件相同的许可情况下，发布修改过的产品。

● **源代码完整性**。许可证可以禁止他人以修改过的形式发布源代码，只在该许可证基于修改程度的目的时，才允许随源代码发布"补丁文件"。许可证必须明确允许发布根据修改过的源代码构建的软件。许可证要求衍生品必须附加不同于原始软件的名称或版本号。

- 不得歧视任何人和团体。许可证不得歧视任何人和任何团体。

- 不得歧视任何特定用途。许可证不得禁止任何人在特定领域内使用某一程序。

- 许可证发布。附加在程序上的权利必须应用于那些重新发布程序的人,不需要通过其他人额外加以许可使用。

- 许可证不得专属于特定产品。附属于程序的权利不得仅限于作为特定软件发行版一部分的程序。

- 许可证不得对其他软件加以限制。许可证不得对已许可软件一起分配的其他软件附加任何限制。

- 许可证必须技术中立。任何许可证都不可以基于单独的某项技术或界面风格发行。

不难看出,以上开源软件的 10 个特点展现出开源软件尊重知识产权,为商业模式提供更灵活、更便利的实现路径,让开源软件焕发出活力,为创新提供了更广阔的视野。

● 开源发展历程

开源发展历程如图 2.1 所示。

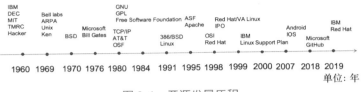

图 2.1　开源发展历程

　　在近半个世纪的发展过程中，开源持续发展，呈现出从政府和学院主导，到企业参与开源社区建设，再到移动时代和云开源时代。每个时期驱动开源进化和发展的因素各不相同。

　　开源项目形成初期，是由学院理想主义驱动了开源的形成。

　　发起 GNU 项目的理查德·马修·斯托曼是 MIT 人工智能实验室资深工程师。1991 年，加利福尼亚大学伯克利分校发布 Net/2 BSD 操作系统—— 一款自由的类 Unix 操作系统，发布后由于法律问题，没有得到大规模推广，这个项目是从学校诞生的。

　　开源项目形成后开始持续发展，技术社区推动了这个时期开源的进步，企业逐渐参与到开源社区中来。

　　在前面，我们提到的开源的好朋友——大批互联网公司的兴起，就是因为开源技术的成熟，降低了其技术使用成本，直接为互联网的大批涌现提供了技术基础。

　　这里，我们有必要再详细介绍一下互联网公司常用的

LAMP 架构中的"A"——Apache。

1995 年，Apache 诞生。20 世纪 90 年代，Web 软件还处于封闭专有的状态，1995 年一个由系统管理员组成的开发团队开始协作构建叫作 Apache HTTP 服务器的软件，它是基于美国伊利诺伊理工大学超级计算机应用程序国家中心的一款 Web 服务平台。1996 年，Apache 已经占据了 Web 服务器大部分的市场份额。1999 年 7 月，Apache 软件基金会（ASF）成立，这是专门为支持开源软件项目而办的一个非营利组织，在它所支持的 Apache 项目与子项目中，所发行的软件产品都遵循 Apache 许可证。

到了移动时代和云开源时代，也就是 2000 年以后，企业和社区共同驱动了开源的发展。

2000 年以后开源体系开始向移动和云领域延伸，Google 等企业开始在移动互联网和云计算领域驱动开源，影响技术发展路线和市场格局。

2010—2014 年是云计算的启蒙阶段。这一阶段大家的需求以创建虚拟机为主，此刻的开源代表是 Xen、KVM。与此同时，开源界也同步演进。

2014—2018 年是云计算快速发展的时期。这一时期的用户需求是以实现云资源调度，弹性扩展为主，开源渐渐形成"气候"。Docker、LXC 出现在人们的视野中，Kubernetes 等容器技术兴起。

Kubernetes 建立在谷歌内部有超过 15 年的历史，来源于谷歌内部的 Borg 系统，集结了 Borg 的精华。2014 年 6 月，谷歌云计算专家埃里克·布鲁尔（Eric Brewer）在旧金山的发布会上正式宣布开源。Kubernetes 是目前世界上最受欢迎的容器编排平台之一。Kubernetes 面向未来的应用程序开发和基础设施管理可以在本地或云端进行，不需要与供应商或云提供商绑定。

2018 年之后是云 + AI 的时代，智能化成为互联网技术的主旋律。主流开源神经网络框架来自开源社区，TensorFlow 拥有 6 万多 Fork 数，位居同类型第一。Caffe 和 Keras 在学术界和工业界得到了广泛应用。

2013 年，Caffe 软件由就读于加利福尼亚大学伯克利分校的中国学生贾扬清在 GitHub 上发布，这是一个基于表达构架与可扩展编码的深度学习框架。根据其主页的介绍，只使用一颗 NVIDIA K40 GPU，该软件一天就可处理超过 6000 万张图片。Caffe 软件项目由 BVLC 运作，NVIDIA 和亚马逊等公司资助其发展研究。

Keras 是由谷歌人工智能研究员弗朗索瓦·乔列特（François Chollet）发布的一个开源软件。Keras 用 Python 编写开源人工神经网络库，Keras 支持现代人工智能领域的主流算法，包括前馈结构和递归结构的深度神经网络，也可用于参与构建统计学习模型。

阿里云、百度云等纷纷改名为阿里云智能、百度智能云，它们的目的是让云更加适应数字化转型时代，也更加看重云和产业场景的结合落地。

在开源历史的演进过程中，逐渐形成了开源代码托管的协作方式。Linux 开发过程中的协作最开始是通过邮件，后续迁移到源代码管理平台，Linux 使用的商业的 BitKeeper 的源代码管理平台于 2005 年不再为 Linux 提供免费的使用权，林纳斯·托瓦兹写了 Git 的工具代替 BitKeeper。2008 年出现了一些以 Web 形式托管的 Git 代码仓库，例如 GitHub，Git 将开源编码的开放程度带到了更高的位置，让每个人都可以快速推出一个开源项目。

● 开源软件真正"挑大梁"

一开始，自由软件是为了模仿 Unix，此后，各式各样的自由软件、开源软件出现时，都是闭源软件的一个影子。开源软件似乎总是找不到自己存在的意义，或者说，难以找到在产业之中不可或缺的价值。

如今回过头来看，开源软件之前难以立足的原因也是显而易见的。

任何产业在发展初期，因为技术不多、市场不大，很容易被少数几家先行者垄断。但随着市场拓宽和技术拓展，越来越多的企业就会拥有自己的独特技术和势力范围，企业开

始相互割据、相互竞争又相互牵制。每家的"技术领地"割据，导致彼此兼容或互通的成本很高，并且阻碍了整个产业向前发展。

当一个产业发展到一定规模，变得相对成熟后，市场上的主要竞争者（即剩下的成功者）就会意识到，既然谁都无法垄断，谁也吃不掉谁，技术市场又趋于成熟，大机会、大创新和大颠覆也不多了，那就彼此合作争取制定统一的规范，让技术彼此兼容、彼此互通，让市场彼此竞争、彼此割据。只有把底层技术统一了，才可能把整个产业做得更大。

通信、互联网和硬件业如此，软件业也是如此。软件业发展到 20 世纪末期，底层技术的范围一直在拓展，渐渐地一家公司无力开发了，需要社会化开放协作。如果底层技术还不统一、不开放，不仅导致兼容性和互通性成本激增，而且底层黑盒的二进制代码软件会让"友商"和上层应用者顾虑重重。

如果软件公司把底层技术开源，一方面吸引更多人来帮忙开发、测试和维护，降低成本，提高程序品质、软件透明度和信任度；另一方面，通过口碑传播，吸引更多人使用自己的底层技术和开发上层的应用软件，用网络效应来排挤竞争对手。

底层技术开源的核心目的，是引流而不是赢利，但企业最终还是要赢利的，只是换了一个打法后，换了一个主战场而已。软件公司开始从底层技术转向中上层的应用程序，而应用程序是闭源的，不是开源的了。

"底层开源，应用闭源"，前者用于导流，后者用于赢利，这种"混合模式"就成为软件巨头的标配。早期的"底层"是操作系统和数据库等，现在则是云计算、大数据、区块链和人工智能。因为，上层应用本已"交底"给开源，自己是"没底"的，但如果慢慢做成功、做大了，就会成为平台，也就有了"新底"，有了共性部分。因此，随着技术的发展，开源软件的"底"是不断上浮的。

因此，大家会看到，越来越多的软件巨头开始走上了开源之路，越来越多有竞争力的软件已经用开源的方式来交付，这些现象的出现，都是与行业发展息息相关的。

稍微说远一点，互联网也是"底层开放，应用封闭"的，下层的通信标准（如 TCP/IP，HTTP）是由 IETF 和 W3C 等开放制定的，上层应用（如 SNS）则是由 Facebook、亚马逊等企业说了算。但相比传统的软件巨头，互联网巨头在开源方面升维了，不仅利用开源来提升互通的兼容性、优化代码质量和提高透明度，更是构建了自己的开源生态系统，构建了自己的 SaaS 服务，因为开源是实现"互联网思维"的核武器。

开源和互联网的好友关系，是经得住技术和市场考验的。

1.3 开源许可证与开源软件相伴相生

开源许可证多伴随开源项目的特定使用场景而产生，麻省理工学院、加利福尼亚大学伯克利分校早期在开发软件的过程中，配套软件分发形成了开源软件许可证，然而早期的开源软件许可证多由工程师编写，严谨度及应用场景有一定的局限性。1998 年，开源软件促进会成立，有效推动了开源许可证走向规范。

开源许可证为开源软件提供了有效的法律保护，明确了知识产权以及使用规则。一方面为软件工程师的工作提供了知识产权保障，另一方面为开源软件的商业化提供依据。

● 1984年，GPL许可证配套GNU项目

GPL 来源于 RSM 和 GNU 运动，1984—1988 年，GNU 项目没有一个单独的许可证来覆盖它所有的软件，为此 RSM 创建了 GPL 许可证。

● 1985年，MIT许可证起源于麻省理工学院

MIT 许可证之名源自麻省理工学院，又称"X 条款"（X License）或"X11 条款"（X11 License）。

MIT 许可证起源于麻省理工学院的雅典娜项目，雅典娜项目是麻省理工学院、数字设备公司（DEC）和 IBM 的一

个联合项目，目的是为教育使用创造一个校园范围的分布式
计算环境，它于 1983 年推出，同时诞生了一系列的重要软
件，包括 X Window 系统和 Kerberos。X Window 系统专
门为在显示设备上绘制、移动窗口，以及与鼠标和键盘交互
提供了基本框架，X 的第一版于 1984 年 6 月推出，1987
年发布了第 11 版（因此成为"X11"，所有后续版本都被称
为"X11"）。

X 最初使用的是专有许可证，1985 年开源许可证添
加到 X 第六版中，一直延续到"X11"，但当时尚未对开
源软件有明确定义。目前广泛使用的 MIT 许可证是 OSI 在
1999 年批准的第一批许可证。

● 1990年左右，BSD许可证起源于加利福尼亚大学伯克利分校

BSD 是 "Berkeley Software Distribution" 的缩写，
起源于加利福尼亚大学伯克利分校，BSD 的出现要追溯到
20 世纪 70 年代，当学生比尔·乔伊（Bill Joy）在 1971
年完成了"Berkeley Software Distribution"的合并以后（包
括 Pascal 系统和一个编辑器 ex），标志着 BSD 诞生了第
一个发行版，并且发行了大约 30 份免费的系统拷贝，BSD
许可证伴随 BSD 软件同期产生。

BSD 许可证在发展的过程中进行了多次修改，产生
过多个版本。直到 20 世纪 90 年代末，BSD 许可证的

许多实例包括以下条款，所有提及本软件功能或使用的广告材料必须显示以下确认：本产品包括（开发者）开发的软件，它会使开源软件的使用变得不切实际，任何宣传材料都必须包括一行致谢。后来自由软件基金会游说加利福尼亚大学伯克利分校的法律部门在没有广告条款的情况下重新颁发许可证。

● 1998年，MPL许可证由网景通信公司发起

1998 年年初，网景通信公司的 Mozilla 小组为其开源软件项目设计软件许可证。网景通信公司决定停止对其网络浏览器产品收费，将浏览器的源代码开放，网景通信公司希望开发者能够修改代码，其他商业公司在开源代码库的基础上构建了自己的浏览器，当时流行的 GPL 许可证已不能满足需求，于是网景通信公司起草了他们自己的许可证（NPL）。

NPL 许可证并没有要求修改的代码以 NPL 许可证发行，NPL 提出之后受到很多开源社区的反对，随后网景通信公司提出一个与 NPL 类似的 MPL 许可证，MPL 许可证要求发布的源代码修改也要以 MPL 许可证的方式再许可出来，这个许可证在开源开发者中很受欢迎，并随后得到了 OSI 的认可。

● 1998年，OSI基金会成立有效推动了开源许可证规范化

20 世纪 90 年代末，随着主流媒体对 Linux 的认可，

例如,《福布斯》的报道和网景浏览器源代码的发布,人们对这一现象的兴趣和参与显著增加。

"开源"标签是于 1998 年 2 月 3 日在加利福尼亚州帕洛阿尔托举行的一次战略会议上创建的,当时网景通信公司刚刚宣布发布源代码,这次会议最终集中到"开源"这个术语上,最初是由克里斯汀·彼得森(Christine Peterson)提出的。在帕洛阿尔托会议上,两位与会者(埃里克·雷蒙德和迈克尔·提曼)后来成为 OSI 的总裁,其他与会者(包括托德·安德森、乔恩·霍尔、拉里·奥古斯汀和山姆·奥克曼)成为该组织早期的关键支持者。

OSI 于 1998 年 2 月下旬由埃里克·雷蒙德(Eric Raymond)和布鲁斯·佩雷斯(Bruce Perens)共同创立,雷蒙德是第一任总裁,佩雷斯是副总裁,OSI 被设想为一个普通的教育和宣传组织,执行 1998 年 4 月在自由软件峰会上提出的使命。在启动会议上,最初的董事会接受了这一总体任务,并决定专门致力于解释和保护"开源"标签,认定开源许可证。

OSI 的成立推动了一批开源许可证走向规范。

● 1999年,EPL许可证原型由IBM发起

Eclipse 许可证于 1999 年,以 IBM 公共许可证 (IPL) 的形式在 IBM 公司中诞生。IBM 渴望开放源代码,但认为

它们需要起草自己的新许可证，以满足自己的特定需求。然而 IPL 将 IBM 公司命名为它所涵盖的代码的许可方，这意味着它不能被其他人轻易地用来涵盖自己的代码。

因此，IBM 在 2001 年创建其许可证的修订版本时，IBM 通俗化了这些术语，删除了对自己的直接引用，并将其重命名为公共许可证（CPL）。IBM 于 2001 年在 CPL 发布了自己的软件开发平台 Eclipse，同时围绕该平台成立基金会。后来 Eclipse 基金会决定修订 CPL 中的"专利报复"条款，后来演变为 EPL 许可证。

● 2004年，Apache许可证诞生于Apache软件基金会

Apache 许可证是一个在 Apache 软件基金会发布的自由软件许可证，从 1995 年开始，Apache 小组（后来成为 Apache 软件基金会）发布了 httpd 服务器的开源版本，他们配套编制的许可证本质上与旧的 BSD 许可证相同，只是对组织名称进行了调整。后来加利福尼亚大学伯克利分校接受了自由软件基金会提出的意见，并将他们的广告条款从 BSD 许可证中删除，同时创建了 Apache 许可证 v1.1——这是对修改后的 BSD 许可证的轻微改动。2004 年，Apache 决定从根本上脱离了 BSD 模型，并产生了 Apache v2 许可证。

2 开源世界的生存守则

● 开源社区、开源项目与开源基金会

　　说起开源，不得不说的就是开源社区，因为开源社区聚集了大批的开发者，才让开源如此活跃。

　　开源社区一般由拥有共同兴趣爱好的人组成，根据相应的开源软件形成交流社区，同时也为网络成员提供了一个自由学习、讨论和交流的空间。我们可以做一个形象生动的比喻：开源社区就像是开源世界的"工厂"，只有有了"工厂"这个物理的办工场所，开源世界的工人们才能够聚集在一起，共同高效地生产出开源世界的优质产品（即开源软件或源代码）。

　　开源社区一般由拥有共同兴趣爱好的人组成，社区成员可以在此发布软件源代码成果，也可以在此进行自由的学习、讨论和交流。由于开源软件的开发者遍布世界各地，大家在空间上是割裂的，开源社区恰好成为他们沟通交流的必要途径，同时也提供了一个发现、使用并交流开源技术的平台，因此开源社区在推动开源软件发展的过程中起着巨大的作用，无形中促使开源向前发展。

　　那么开源社区究竟是什么样的呢？开源社区的外部表现

形式可以是网站、论坛、实体组织，甚至可以是一个邮件列表。开源社区的存在形式多种多样，但是无论社区以何种形式存在，社区的目的都是将开发者们聚集在一起共同开发开源软件（或开源代码），社区在开源世界中扮演的角色或者实现的核心功能是一致的：一方面为开发者提供共同交流的途径；另一方面为开发者提供发布和下载学习代码的平台。

开源社区与开源项目相伴相生，一般开源项目背后均有开源社区进行沟通协作，开源基金会是多个开源项目的托管场所，开源社区多为虚拟组织，开源基金会多为非营利组织。开源基金会与开源项目就好比企业和企业产品的关系，企业的核心是有竞争力的一个或几个产品，开源项目之于开源基金会也是一样。开源基金会负责多个开源项目的运作管理，一般不干预项目代码。开源社区与开源项目关系如图2.2所示。

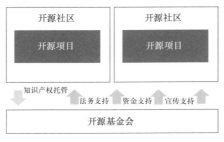

图 2.2　开源社区与开源项目关系

● 开源的世界也符合"人机料法环"的通用要素

开源项目的发展必备五要素，分别如下所述。

人：开源生态的人包括贡献者和使用者。

机：开源生态用的工具包括开源代码托管平台、开源组成分析工具等。

料：开源生态的基础物料是源代码。

法：开源生态的规则包括开源许可证、社区管理办法等。

环：开源项目的环境即为开源社区。

开源五要素如图 2.3 所示。

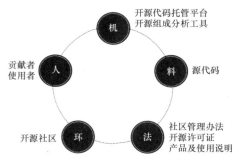

图 2.3　开源五要素

2.1　谁能参与到开源世界

人是开源生态的重要组成部分，那么开源社区参与者具体涉及哪些角色，每个人以什么身份参与进来呢？在这个社区中如何区分大家的职责呢？

　　首先，从开源项目的角度来看，研究人员将开源贡献者描述为一个集中的、洋葱形状的群体，一般分为4层：核心贡献者、普通贡献者、问题贡献者和使用者，开源项目贡献者分类如图2.4所示。

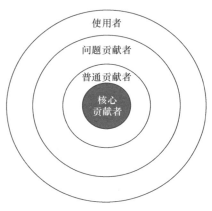

图2.4　开源项目贡献者分类

　　开源社区的中心由核心贡献者组成，他们通过大量的代码和软件设计选择推动项目向前发展，核心贡献者极有可能就是项目的发起者或发起单位的相关人员。

　　发起者即为开始启动这个开源项目的单位，发起的形式有多种：第一种形式为企业将内部代码开源出来，作为开源项目，招募更多的人参与，即为企业发起开源；第二种形式为个人将业余时间开发的代码开放出来，即为个人发起的开源项目；第三种形式为基金会发起的开源项目。

　　图2.4的第二层是响应pull请求（即向项目方反馈代码，

提交合并请求）和报告 bug（即向项目方反馈代码中存在的问题）的贡献者。通过 pull 请求和报告 bug 两种方式，对代码本身进行优化升级，实现了多人线上合作开发，从而使开源软件的协同效率有了极大的提升。

我们称这类贡献者为"普通贡献者"，他们在使用开源项目代码时发现了 bug 并且对 bug 进行了修复，最重要的是，他们愿意发扬开源精神，将修正后的代码向上提交，用于完善和改进这个项目。

但是，他们的贡献并不能够直接合并到开源项目中，还需要"审核者"对提交代码的质量进行审核。因为开源社区是开放的，所有人都可以成为贡献者，但是为了保障开源社区的健康运转，或者说保障生产出的产品质量（也就是开源软件的质量），在开源社区中需要审核者确认贡献者提交的代码质量，并决定该部分代码是否能够被接受，并成为开源项目的一部分，最终形成开源软件产品进行输出。

图 2.4 的第三层主要是提交 bug 报告的贡献者，我们称为"问题贡献者"。有些人认为"问题贡献者"只提出问题却没有实质性地为开源项目贡献代码。

对于一个开源项目而言，洋葱形状的贡献者结构是比较合理且比较健康的，因为不是所有人都有能力对问题进行修复，但是"问题贡献者"的存在能够在很大程度上帮助项目发现问题，进而为核心成员改进项目找到正确的方向，促进

开源项目健康持续发展。

图 2.4 的最外层是那些单纯的开源软件用户（使用者），他们只使用而基本不对开源社区做直接贡献，但是，他们的间接贡献才是更重要的，他们使用开源，这才是开源项目能够生长的土壤。有人用的产品才能够称为产品，如果开源项目开放出来没有人使用，那项目基本也就面临"死亡"了。

正是由于不同贡献者的存在，开源的核心——"多人协作"模式的优势才能够得以体现。通过开源项目让更多人使用，进而由使用者反馈并完善开源项目代码，最终实现开源项目的自我完善和迭代，这是开源能够蓬勃发展的重要原因。

一个社区，有了组织，这个组织的领导者是谁呢？开源社区不仅有人负责生产和审核开源项目，还需要管理者负责维持整个开源社区的正常运转，以及需要技术管理委员会负责技术指导，以保证开源社区产品的出品质量。

开源社区中的管理者可能由基金会专职人员组成，主要工作一般包括：指导市场推广、监督业务发展和运营、组织会议，对重要决策问题进行投票、财务管理和筹资，管理其他社区日常运作事宜等。但是，基金会并不过问技术上的任何决策，技术指导工作由技术监督委员会（TOC）承担。技术监督委员会的主要工作是把握社区技术发展方向，对新的开源项目进行审核，纠正项目的发展方向等。

开源社区本质上是将技术转化为产品，因此每个项目都是以实现某个问题的技术路径为核心的，因此开源社区的工作是为技术服务的。在技术社区里，技术监督委员会对开源社区而言，是一个核心的存在。

2.2 有工具，好干活

社区的正常运转除了需要人员参与之外，作为生产要素，工具的使用也很重要，目前开源社区常用的工具分为四大类，分别是代码管理工具、代码合规扫描工具、监测统计工具和沟通协作工具。

● 代码管理工具

代码管理工具主要做代码协同和托管，允许开发人员在一个中央存储库或存储空间中管理和存放他们的代码，参与者可以协作并开发他们的代码。大多数通过开源项目办公室开发的企业软件项目都在使用 GitHub 作为其集中托管和开发的平台。如今，超过 210 万家企业和组织使用 GitHub，大约有 9600 万个开源代码项目在 GitHub 上托管，涉及大约 3100 万个开发人员。

GitHub 使用 Git Version Control System，这是由 Linux 创建者林纳斯·托瓦兹开发的开放源代码项目，为代码和合作开源人员提供了组织机构。GitHub 用户可以添加代码、查看已提交的代码、申请更改、获取并提供反馈，以

及使用该服务提供项目管理。

其实，GitHub 不仅是一个代码托管平台，更是一个开源协作社区。通过 GitHub，既可以让别人参与你的开源项目，也可以参与别人的开源项目。在 GitHub 出现以前，项目开源容易，但让其他人参与进来比较困难，因为要参与项目就要提交代码，而给每个想提交代码的人都开通一个账号是不现实的，因此，参与者一般仅限于提报 bug。但是在 GitHub 上，利用 Git 极其强大的克隆和分支功能，用户可以真正第一次自由地参与各种开源项目了。

● 代码合规扫描工具

如前所述，GitHub 是服务于目前大多数开源项目办公室的专业源代码管理系统。但是，GitHub 本身并不能满足项目代码管理的所有需求，例如，GitHub 在代码审查方面就存在一些不足之处，因此，专门的代码扫描和合规审查工具显得十分重要，它们有助于追踪代码起源、扫描代码漏洞、审查开源许可证合规性等。

对于企业而言，开源软件合规扫描主要包含两部分内容。一是开源许可证扫描。通过工具扫描明确软件中包含的组件及各个组件的开源许可证情况，了解软件中是否包含使用传染性许可证的开源组件，协助企业相关负责人做出判断和处置。二是安全漏洞扫描。通过工具扫描明确软件中是否包含漏洞库（例如美国国家漏洞库 NVD 等）中已经公开的漏洞，以及所含漏洞的风险等级（例如高危、中危、低危等），由软件运维或使用方及企业专职安全负责人共同对安全漏洞进行商议和处置。

使用开源软件安全治理工具也是现在比较流行的一种合规方式，近些年国内外出现了一批此类工具：国外有 BlackDuck、WhiteSource、Sonatype、Cast、FossID、Jfrog Xray 等，这些工具均有识别开源组件、开源组件许可证以及开源组件漏洞的功能；国内 2019 年以来也开始出现了此类工具，例如，开源卫士、Fosseye 以及 HotBot 等工具，一些科研院所也在积极研发此类代码合规扫描工具，例如，上海控安等，都取得了不错的成绩。

> 本书以奇安信开源卫士为例，介绍一下此类工具的功能和作用。
>
> 开源卫士是奇安信集团自主研发的一款集开源软件识别与安全管控于一体的商用软件成分分析系统，该系统通过智能化数据收集引擎在全球范围内获取开源软件信息及其相关漏洞信息，利用自主研发的开源软件分析引擎为企业提供开源软件资产识别、开源软件安全风险分析、开源软件漏洞告警及开源软件安全管理等功能，帮助用户掌握开源软件资产信息，及时获取开源软件漏

洞情报，降低由开源软件带来的安全风险，保障企业交付更安全的软件。

开源卫士拥有丰富的开源软件信息，开源卫士团队运营着国内规模最大的"开源项目检测计划"，目前收集了 4000 多万个开源项目的版本信息，积累了大量的开源软件基础数据，为开源软件的精确识别提供了保障，提高了开源合规扫描的效率。

另外，因为开源软件漏洞情报需要实时告警，能够获取最新的安全漏洞也是开源合规扫描的必要保障。开源卫士漏洞信息兼容了美国国家信息安全漏洞库（NVD）、国家信息安全漏洞库（CNNVD）、国家信息安全漏洞共享平台（CNVD）、众多开源社区漏洞信息，目前拥有 500 多万个开源软件漏洞关联情报。同时，开源卫士通过了国家信息安全漏洞库兼容性资质认证，满足国内相应的监管要求。

开源卫士包含开源软件识别、开源软件漏洞分析、开源软件协议分析、开源软件漏洞告警、开源软件私服防火墙等多种功能，为开源软件安全治理提供了丰富的手段。

以开源卫士为例，介绍一下开源合规扫描工具的使用方法。

★开源软件识别

软件在开发的过程中会引入大量开源软件，但是我们常常不清楚自身的信息系统中到底引入了多少开源软件，引入了哪些开源软件。开源卫士采用多层次的开源软件，依靠高效的软件指纹分析等技术，对软件中所使用的开源软件进行精确识别。开源卫士可以针对本地软件源代码、远程代码仓库（例如 Git、SVN 等）、软件制成品（例如 War 包、Jar 包）等多种软件形式进行开源软件识别，支持 Java、JavaScript、Python、PHP、.NET、Go/Golang、Swift/OC、Erlang、C/C++、Scala、Ruby、Perl、R 等多种编程语言的开源软件识别。

开源卫士针对软件项目识别出的每一个开源软件给出是直接引入还是间接引入，同时会标明每一个开源软件在软件项目的位置信息，便于快速定位。

★ 开源软件漏洞分析

软件项目中使用的开源软件可能会存在已知的安全漏洞，并且这些开源软件背后调用或依赖的其他开源软件也可能会存在安全漏洞，这种深层关联下的开源软件漏洞很难通过漏洞扫描工具发现。开源卫士可以发现这些隐藏在开源软件背后的深层次安全漏洞。开源卫士针对每一个安全漏洞提供了包括漏洞名称、CVE 编号、CNNVD 编号、发布日期、厂商信息、漏洞类型、漏洞描述、漏洞等级、攻击类型、漏洞来源、参考链接、解决方案等详细信息。

开源卫士针对每一个存在安全漏洞的开源软件还会给出推荐版本（和当前版本最接近且当前没有安全漏洞的版本，这样的版本兼容性较好）和最新版本（开源卫士收录的当前开源软件社区最新发布的版本），为开源软件修复提供参考。

★ 开源软件漏洞告警

企业从海量的网络安全情报信息中，获取影响企业

自身的开源软件漏洞信息，成本高、难度大。开源卫士通过智能化数据收集引擎在全球范围内获取开源软件漏洞情报，在清洗、匹配、关联等一系列自动化数据分析处理后，向企业及时推送开源软件漏洞信息，以便让企业及时掌握最新的开源软件漏洞情报。

当有新的安全漏洞出现时，开源卫士通过邮件、站内信等多种方式进行最新安全漏洞告警。在软件运行阶段，企业可以通过开源卫士监控开源软件漏洞情报信息，及时发现开源软件的最新安全漏洞信息，进行安全漏洞通报及应急响应。

此外，开源卫士还提供私服防火墙功能，可对开源软件私服仓库进行开源软件安全检测，通过配置安全策略，对私服仓库内的开源软件进行准入和退出的安全管控。开源卫士还可以与持续集成工具进行集成，将开源软件安全治理融入软件项目的开发流程中。

● 监测统计工具

开源项目越来越多，社区越来越多，对这些开源项目的追踪管理就越来越有必要，监测统计工具就派上了用场。根据不同的使用者，监测统计工具也会有所不同，以软件开发为业务的科技企业和以软件使用为主的软件用户，所需要的工具也不一样，我们就来分类介绍一下。

（1）科技企业所需工具

随着开源项目的发展和成熟，监测开源项目的整体质量并及时进行跟踪统计是企业开源项目的重要任务之一。为了实现这一目标，企业应使用相应的统计工具，这些工具能够反映每个单独的开源项目的执行过程，并跟踪每个单独的开源项目在数十、数百甚至数千个项目中被开源社区接收的情况。

同时，这些工具还必须兼具转化能力，能够将所收集的数据转化为体现整个开源组合中的信息，反映出整个项目性能，并且提供具有可参考意义的、可实操的数据信息。

项目监测统计工具需要能够适用于各种规模的项目，一些监测统计工具还可以协助项目团队，对支持他们工作的开源社区做出回应，同时鼓励贡献开发者参与。

因此，监测统计工具的使用，不仅仅是为了监测开源项目的整体质量，同时还可以帮助管理人员快速响应开源社区中提出的问题或反馈，以便激励社区成员能够始终保持参与的热情。

Linux 基金会推荐了一些比较受欢迎且实用的项目数据统计和项目质量跟踪工具。项目数据统计和项目质量跟踪工具见表 2.1。

表 2.1　项目数据统计和项目质量跟踪工具

工具名称	简介
CatWatch	• CatWatch 是来自 Zalando 的一款开源指标仪表板，可为 GitHub 账户获取 GitHub 统计信息，帮助处理 GitHub 数据并保存在数据库中 • 这些数据反映了开源项目的受欢迎程度、开源项目的最活跃的贡献者，以及其他有趣的统计信息

续表

工具名称	简介
Gander	• Gander 是一款为快速查看一系列开源项目生成有用指标的仪表板 • Gander 由 PayPal 创建，专为负责运行开源项目办公室或跟踪多个开源项目的人员而设计
GHCrawler	• GHCrawler 是一个健壮的 GitHub API 爬虫器，它可以遍历 GitHub 实体队列，用于爬取 GitHub 托管的项目并自动追踪、检索和存储其内容 • GHCrawler 主要适用于跟踪 orgs 和 repos。例如，Microsoft Open Source Programs Office 使用它来跟踪涉及 Microsoft 的 1000 个 repos
Gittagstats	• Gittagstats 是一款根据 Git 仓库的一组标签生成统计数据报告的工具。该工具由 Qualcomm 创建
Grimoire Lab	Grimoire Lab 拥有各种开源工具以计算开源项目的统计数据，其主要功能包括： • 从几乎所有与开源开发（源代码管理、问题跟踪系统、论坛等）相关的工具（数据源）自动增量地收集数据 • 自动收集的数据充实、合并重复的身份、添加关于贡献者所属关系、计算时延、地理数据等额外信息 • 数据可视化，允许按时间范围、项目、存储库、贡献者等进行筛选
OSS-dashboard	• 来自亚马逊的开源项目仪表板，是一款多功能仪表板，提供了许多 GitHub 项目的视图，可用于一次同时查看和监视许多 GitHub 组织和 / 或用户
OSS Tracker	• OSS Tracker 是一个收集 GitHub 组织信息的应用程序，它将该组织中所有项目的数据聚合到一个单一的用户界面中，供所属组织中的各个角色使用

（2）软件用户所需工具

对于开源软件的使用者而言，首先需要通过公开透明的渠道来了解开源项目的相关信息（例如，活跃度、参与者情况等），辅助相关部门进行开源软件的选型工作。

当企业已经选择使用了某些开源软件之后，企业内部需要对开源软件进行统一管理，其中很重要的一部分，就是持续跟踪正在使用的开源软件项目情况（例如，版本更新、漏洞情况、关注者数量等）。这些信息可以协助架构管理人员制定软件版本规划，及时进行软件的更新迭代。下面我们列出了几个公开平台供大家参考。

★ OpenHub

OpenHub 是黑鸭提供的一个公开平台，在此平台上可以通过搜索开源软件名称，获取开源软件基本信息及项目信息变动趋势。其中，基本信息包括软件介绍、主要编程语言、许可证情况、代码行数、贡献者数量、安全漏洞情况等；项目信息变动趋势包括代码行变化趋势、月平均代码提交量变化趋势、月平均贡献者变化趋势等。

★ stackalytic

该网站可以展示 OpenStack 基金会、CNCF 基金会及其他知名开源项目的信息情况，包括 Commits by Company、Commits by Contributor、Contribution Summary 等指标，重点可以关注按企业维度统计的代码贡献情况，此指标可以辅助用户评价开源服务商的能力情况。

● 沟通协作工具

开源的管理工作涉及工程、产品、法律、安全等方面的负责人，开源不仅是代码的开发和开放，还需要在不同企业从事项目工作的不同群体之间，以及公司开源项目办公室的

工作人员之间，建立良好的沟通与合作。

为了实现上述目标，除了选择基于企业已有的内部沟通管理平台之外，还有一些较为成熟的工具可以作为参考，例如，Internet Relay Chat（IRC），开发人员可以发布与开源开发相关的问题并快速收到回复；TWiki，一个开源企业 Wiki 和 Web 协作的平台，开发人员可以在其中讨论代码和项目及相关主题；Slack，一个在线团队项目管理与沟通平台，在这个平台中用户可以访问和共享消息和文件，管理工作流程，搜索信息等，Slack 可以通过设置接收支持请求、代码签入、错误日志和其他任务的通知。

开源的精神是开放共享的，除了企业内部的高效协作之外，企业可以通过社交媒体平台、门户网站、开源项目存储库、开源交流社区等提问讨论平台与项目的关注者和贡献者进行沟通交流，这对于开源项目的健康发展具有重大的意义。

2.3 社区的规则

社区的正常运转需要一套完整的规章制度，也就是说社区的参与者需要参与社区的治理规范，才能保证社区正常工作，这一套社区规则包括行为准则、贡献规则等。

● 行为准则

行为准则是一份确立项目参与者行为规范的文件，可以帮助促进健康、有建设性的社区行为，减少参与者在项目中产生疲劳的可能性，当有人做出违背社区宗旨的事情时，能够及时阻止并采取相应行动。

准则应该尽早建立，最好使用已有的准则，例如，贡献者盟约、Django 行为守则、Citizen 行为守则等。确定准则后，应确定如何执行行为准则，包括收集违规行为的渠道、调查违规行为的方式等。项目的维护者应尽最大努力执行行为准则，对违反准则的人采取恰当的回应方式和惩罚措施。

贡献者盟约是一个被 40000 个开源项目所使用的行为守则，采用 Creative Commons Attribution 4.0 International Public License。该盟约期望能够让不同地区、性别的人参与到开源中，营造一个友好、协作、互相理解的环境。参与者可以在开源项目中创建 CODE_OF_CONDUCT.md 文件并通过这个文件表达自己对开源项目参与者或贡献者的尊敬和感激。

使用贡献者盟约，需要将盟约的文档添加到项目中，同时必须添加一个联系方式，以便人们揭露违反盟约的行为或事件。即使将盟约添加到项目中，仍然会出现骚扰、歧视等问题。作为一个项目维护者，你必须致力于执行准则，使用

盟约之前，花点时间讨论并决定如何处理可能会出现的各种问题。将强制执行的策略和过程记录下来，并将其添加到README 中或其他适当的位置。需要注意的是，一定要考虑你的项目团队是否有意愿和成熟度来贯彻执行这些程序。

Django 行为守则同样采用 Creative Commons Attribution License，这是 Django 团队和社区为解决不同成员的沟通交流问题所设定的。Django 行为守则包括六大要求，分别是友好和耐心，欢迎各种背景和身份的人加入，能够周全地考虑同事、用户，尊敬他人，举止、言语恰当，面对分歧相互理解。

Citizen 行为守则旨在为 COMMUNITY_NAME 社区的所有成员提供一个友好、安全和包容的环境，无论何种性别、能力、社会经济地位。Citizen 行为守则规定了社区允许的行为和不允许的行为，如果社区成员违反了该守则，社区组织者可以采取任何他们认为适当的行动，包括暂时禁止或永久驱逐社区而不必提前警告（有偿活动时，不退还相关费用）。

2.4 社区产品也有使用说明书

对开源世界而言，开源社区的参与者和管理者辛辛苦苦生产出的成果就是开源软件。开源软件简单来说就是源代码对公众开放的软件。不同的开源软件均可以在其相应的开源社区中供人自由下载，并欢迎公众自由地参与到社区的开发中，也允许商业机构进行再次开发，并按照相应的开源协议进行发布。

开源软件主要强调源代码开放以使更多的人成为软件开发的参与者，并让这些积累下来的软件源代码能真正成为人类的共同财富。

开源软件对用户而言一般是"免费"的，一般可以通过相关网站直接下载使用。但是作为一款产品，开源软件也像普通产品（例如药品）一样拥有"产品说明书"和"产品使用指南"。其中，"产品说明书"是指开源许可证，"产品使用指南"是指"说明文档（README）"。

一般在开源软件中都会包含说明文档（README），用于说明开源软件这款产品如何使用或如何操作。开源软件不同于商业软件，会有良好的售后服务和技术支撑人员，甚至开源软件的生产者和使用者都是互不认识、难以联系的，从这个角度来说，说明文档对于开源软件这款产品异常重要，它可以被称为市场用户深入了解开源软件的唯一途径。从企业的角度来看，在使用一款开源软件之前，也需要考察开源软件的文档质量，包括文档的数量、文档覆盖的范围、文档的完备情况等，以此衡量开源软件的质量和易用程度。

2.5 敲黑板！必须要了解的开源许可证

开源许可证数量繁多，目前经过 OSI 认证的开源许可证共有 83 种。但是广泛使用的开源许可证大致有以下几种，Apache License 2.0, BSD-3-Clause, BSD-2-Clause, GNU General Public License（GPL 2.0，3.0），GNU Library or "Lesser" General Public License（LGPL 2.1, 3.0），MIT license，Mozilla Public License 2.0，CDDL 1.0, Eclipse Public License 1.0。

在开源许可证中，开源软件的版权持有人授予用户可以学习、修改开源软件，并向任何人或为任何目的分发开源软件的权利。开源许可证从宽松到严格大致可以分为四类：开放型开源许可证（Permissive License，例如 MIT、BSD）、弱传染型开源许可证（Weak Copyleft License，例如 LGPL 2.1）、传染型开源许可证（Copyleft License，例如 GPL 2.0）、强传染型开源许可证（Strong Copyleft License，例如 AGPL 3.0）。

下面介绍几种常用的许可证类型。

（1）开放型开源许可证

开放型开源许可证是最基本的类型，用户可以修改代码后闭源，它有 3 个基本特点：用户使用代码没有限制；不保证代码质量、用户自担风险以及用户必须披露原始作者。

典型的开放型开源许可证主要有以下几种，它们都允许用户任意使用代码，区别在于要求用户遵守的条件不同。

★ MIT 许可证

MIT 许可证是一个简短宽松的许可证，允许开发者使用、复制、修改、合并、发表、分发、再授权，或者销售该软件。

再发布需要满足的条件如下所述。

a. 如果再发布的产品是源代码，源代码中必须包含原始版权和许可声明。

b. 如果再发布的产品是二进制形式，则需要在其文档和版权声明中包含原始版权和许可声明。

★ BSD 许可证

BSD 许可证是一个给予用户很大自由的许可证，目前常用的有 BSD-2-Clause 和 BSD-3-Clause 两个版本。BSD 许可证鼓励代码共享，但需要尊重代码作者的著作权。用户可以自由地使用、修改源代码，也可以将修改后的代码作为开源或者专有软件再发布。

再发布需要满足的条件如下所述。

a. 如果再发布的产品是源代码，源代码中必须包含原始版权和许可声明。

b. 如果再发布的产品是二进制形式，则需要在其文档和版权声明中包含原始版权和许可声明。

c. 未经事前书面许可，不得使用原作者 / 机构的名字和原产品名字进行衍生产品的推广。（BSD-3-Clause 要求，BSD-2-Clause 不要求）

★ Apache 许可证（Version 2.0，以下称 "Apache 2.0"）

Apache 许可证是著名的非营利开源组织 Apache 采用的许可证。该许可证鼓励代码共享和尊重原作者的著作权，允许代码修改和再发布（作为开源或商业软件），同时该许可证还为用户提供专利许可。

再发布需要满足的条件如下所述。

a. 没有修改过的文件，必须保持许可证不变。

b. 凡是修改过的文件，必须向用户说明该文件修改过。

c. 在延伸的代码中（修改和有源代码衍生的代码中）需要带有原来代码中的协议、商标、专利声明和其他原作者规定需要包含的说明。

d. 如果再发布的产品中包含一个 Notice 文件，则在 Notice 文件中需要带有 Apache 2.0 许可证。你可以在 Notice 中增加自己的许可，但不可以表现为对 Apache 2.0 许可证构成更改。

（2）弱传染型开源许可证

如果修改弱传染型开源许可证下的代码或者衍生，则需要将源代码依照该许可证开源，以保证其他人可以在该许可证条款下共享源代码。典型的弱传染型开源许可证主要有

LGPL、MPL 和 EPL。

★ LGPL(GNU Lesser General Public License，2.1、3.0，以下分别称"LGPL 2.1"与"LGPL 3.0")

LGPL 许可证允许商业软件通过类库引用的方式使用 LGPL 类库而不需要公开商业软件的源代码，这使采用 LGPL 许可证的开源代码可以被商业软件作为类库引用并发布和销售。

LGPL 2.1 再发布需要满足的条件：如果修改 LGPL 2.1 的代码或者衍生，则所有修改的代码、涉及修改部分的额外代码和衍生的代码都必须采用 LGPL 2.1。

相比于 LGPL 2.1, LGPL 3.0 明确了专利许可。

★ MPL(Mozilla Public License 2.0，以下称"MPL 2.0")

MPL 许可证是 1998 年年初 Netscape 的 Mozilla 小组为其开源软件项目设计的软件许可证。MPL 2.0 允许用户免费修改和再发布，允许被许可人将经过 MPL 2.0 获得的源代码与自己其他类型的代码混合得到自己的软件程序。

MPL 2.0 再发布需要满足的条件如下所述。

a. 对于经 MPL 2.0 发布的源代码的修改也要以 MPL 2.0 的方式再许可出来（开源），以保证其他人可以在 MPL 2.0 的条款下共享源代码。

b. 所有再发布者需要有一个专门的文件就对源代码程序修改的时间和修改的方式进行描述。

★ EPL（Eclipse Public License 1.0，以下称"EPL 1.0"）

EPL 1.0 允许用户使用、复制、分发、传播、展示、修改以及改后闭源的二次商业发布。

再发布需要满足的条件如下所述。

a. 当一个代码贡献者将源代码的整体或部分再次开源发布的时候，必须继续遵循 EPL 1.0 来发布，而不能改用其他开源许可证发布，除非你得到了原源代码拥有者的授权。

b. 当你需要将 EPL 1.0 下的源代码作为一部分跟其他私有的源代码混合成为一个 Project 发布的时候，你可以将整个 Project/Product 以私人的许可证发布，但要声明哪一部分代码是 EPL 1.0 下的，而且声明那部分的代码继续遵循 EPL 1.0。

c. 独立的模块（Separate Module），不需要开源。

（3）传染型开源许可证

传染型开源许可证明确要求，如果一个软件包含该许可证下的部分代码，完全发布时必须作为整体适用该许可证。

★ GPL（GNU General Public License，2.0、3.0，下称"GPL 2.0"或"GPL 3.0"）

GPL 2.0 和 GPL 3.0 最初由自由软件基金会为 GNU 项目所撰写，GPL 2.0 给予任何人自由复制、修改和发布 GPL 2.0 代码的权利。

GPL 2.0 再发布需要满足的条件如下所述。

a. 所有以 GPL 2.0 发布的源代码的衍生，也必须按照 GPL 2.0 发布。

b. 不论以何种形式发布，都必须同时附上源代码。

c. 确保软件自始至终都以开放源代码形式发布，保护开发成果不被窃取用作商业发售。

与 GPL 2.0 相比，GPL 3.0 明确了专利许可。

（4）强传染型开源许可证

★ AGPL（GNU Affero General Public License，3.0，以下称"AGPL 3.0"）

AGPL 最新版本为"第 3 版"（即 AGPL 3.0）于 2007 年 11 月发布。AGPL 3.0 改自 GPL 3.0 并加入了额外条款，其目的是使 Copyleft 条款更好地应用于在网络上运行的应用程序（例如 Web 应用），避免有人以应用服务提供商的方式逃避 GPL 许可证的相关条款。

原有的 GPL 许可证，由于网络服务公司的兴起出现了一定的漏洞，例如，使用 GPL 的自由软件，但是并不发布于网络，则可以自由地使用 GPL 许可证却不开源自己私有的解决方案。AGPL 3.0 基于 GPL 3.0 增加了对此做法的约束，当用户修改了 AGPL 3.0 代码，并将该修改的代码用于提供云服务或其他远程网络交互情形（例如 AGPL 第 13 条所述），则该修改的代码需要开源。

开源许可证的共同点主要包括：第一，要求署名开源软件的作者或版权持有人的姓名或名称；第二，明确使用哪一个开源许可证，并保留许可证全文或相关链接；第三，允许私人使用；第四，允许商业使用；第五，允许修改及修改后再发布；第六，开源软件的作者或版权持有人不承担软件使用后的风险及产生的后果。

不同许可证在兼容性、共享权限等方面存在差异。不同开源许可证的特点比较见表 2.2。

表 2.2　不同开源许可证的特点比较

许可证	版本	要求再发布时必须提供原始代码	允许转授开源许可证授权	授予专利权	专利报复性条款	允许修改后使用不同的开源许可证再发布	要求修改后再发布时必须提供原始代码	要求修改后必须附加修改说明文档	要求修改后创建在线服务或者内部解决方案时，源代码必须对外发布
MIT license			√			√			
BSD 2-Clause	2-Clause					√			
BSD 3-Clause	3-Clause					√			
Apache License	2.0		√	√	√	√		√	
GNU LGPL	2.1	√					√	√	
GNU LGPL	3.0	√		√	√		√	√	
Mozilla Public License（MPL）	2.0	√	√	√	√	√	√	√	
Eclipse Public License（EPL）	1.0	√	√	√	√	√		√	
GNU GPL	2.0	√					√	√	
GNU GPL	3.0	√		√	√		√	√	
GNU AGPL	3.0	√		√	√		√	√	√

2.6 社区产品的用户

开源社区的最终输出产品——开源软件是可以通过公开途径获得的，正因为开源软件的"免费"获取路径，才使这种产品能够快速吸引大批用户，占领市场，形成生态。

使用者即为开源项目的用户，使用的形式可以分为单纯地使用，不涉及二次分发（不触发开源许可证的义务），这种是开源项目的最终用户。用户在使用开源软件的时候可能会发现代码存在一些问题，这时候一般可以通过开源社区的公开途径进行反馈，例如反馈需求、反馈 bug 等。正如我们平时使用普通产品发现问题时，可以拨打售后电话进行反馈一样，开源社区的产品也可以通过类似的流程反馈需求并解决问题的。

另一种使用者并不是最终用户，他们可能在使用开源软件后进行修改并二次分发，一般软件企业多为这一类开源用户，企业基于开源软件进行修改并将新的软件进行打包售卖。这类使用者比较特殊，他们能够通过这种方式实现盈利，这与开源的自由精神看起来是有些违背的，但实际上这类用户是开源世界很好的一个补充：一方面，他们利用开源技术迭代速度快、易形成技术主流的优势；另一方面，他们弥补了开源技术没有售后支持和部署指导的缺点，帮助广大企业用户更好地使用开源软件产品，也间接为开源社区的持续发展贡献了一份力量。

CHAPTER 03

开源社区的
运营攻略

1 像创业一样做社区

很多人都会好奇，开源社区里的成员来自不同的机构，代表的立场和利益各不一样，但是，大家却都在为社区做贡献，是什么样的机制让社区有序运转呢？

其实，开源社区像一家公司一样，正常运转需要一个董事会来管理和负责社区的发展。除此之外，还有一个技术管理委员会，就像企业里的首席技术官，负责技术走向，这两个机构就是社区的初创部门，以他们为核心，把一群志同道合的人召集起来，通过社区治理来带动社区的运转。

● 确认使命

社区为什么创立，要解决什么问题，实现什么样的理想，这就是社区的使命，也是社区为之而努力的方向。

社区创建初期，创始团队成员都有一个共同的理想和使命。

以 Apache 基金会为例，社区成立于 1999 年，拥有 350 多个开源项目。社区的使命是"创建并提供工具、过程和建议，帮助开源软件项目改善它们自己的社区健康状况"，Apache 创立的初衷就是让所有人在可以访问的环境中进行社区协作，保持高度透明。

● 招募团队

和企业招聘团队一样，社区也需要招募团队，需要更多的人齐心协力来实现目标，达成使命，把有共同的兴趣的人团结起来，给他们归属感，赋予他们使命感。

聚集了人，一起分享遇到的共同问题，打破协作的边界，这应该是社区建立伊始最重要的任务。社区成员不同的技能、不同的文化背景、多元化的视角、各不相同的立场和经历都能极大地丰富整个社区的体验。

社区成员一般分为 3 类：使用者、贡献者和领导者。社区需要通过校招实现人员的招募，将外部人员转化成社区的使用者，继而将其发展其成为贡献者和领导者。想要留住和激励外部人员参与到社区中来，需要找到让外部人员容易接受的学习方式。社区通常会通过博客的协作、举办研讨会和培训班来进行宣传。

Apache 基金会是采用精英制的组织机构，理事会管理与监督整个 Apache 基金会的商务与日常事务，并让它们能在符合章程的规定下正常地运作，为项目运行提供组织、法律、财务等支持，不会对项目发展施加影响。项目管理委员会主要负责保证一个或多个开源社区的活动都能运转良好。Apache 项目管理采用"精英"治理模式，项目开发人员分为用户、开发者、提交者、项目管理委员会等成员。

● 划分小组

小组是社区结构的基本单元。作为基本单元，小组的组合可以有多种不同的方式，有无数种变化和可能。这相当于一家正在筹备的企业要确定有哪些主要部门，社区纵向划分可以有媒体组、翻译组、合作组等，横向划分可以把某一项目拆分成不同的模块。

在一个强大的社区里，小组充当着重要的角色，作为小的生态系统，其属性对宏观社区的成功同样有着巨大的价值。

● 制定社区内部流程

每家企业都有流程，社区也是如此。需要制定一个规章制度，以保障社区运行有条不紊，有章可循。

社区运行的流程，以能够简单、有效执行为目的，一般按照步骤分解。社区里常见的流程包括新成员如何加入、如何提交贡献、如何协作、如何处理冲突等。注意，流程制定的关键是要简化且透明，避免形式主义。

● 管理和跟踪工作进展

社区的管理主要包括三大模块，即项目管理、绩效管理以及社区的整体运营管理。

项目管理是指把项目作为一个工作单元，制定一系列的流程，按照流程执行才能实现既定目标，而流程的执行通常会被分配给多人，需要进行统一管理。

绩效管理是指对于活动单元的工作内容和人员的变化情况进行跟踪管理，确保工作效果。其中，活动单元包括团队、工作流程、治理委员会，等等。

社区的总体运营管理是指了解社区的整体健康状态，把脉社区发展中的有利因素以及需要处理的问题。

对于每个社区来说，项目都是关键元素，跟踪项目工作进展，除了能够帮助参与者起到备忘作用、记录工作轨迹外，还能让项目总负责人清楚地知道模块负责人以及应该完成的时限。跟踪工作进展可以看到成员各自承担的具体工作内容，增加完成任务的可能性。在跟踪工作进展中，社区管理者可以用可视化的方式了解社区成员的贡献情况，并进行鼓励反馈。

● 建立公开有效的沟通

有效的沟通可以让社区成员更有凝聚力，同时体现社区

公开、公正的原则。社区需要建立一个公开的沟通渠道，保证小组之间可以有效沟通，确保大家步调一致，以相同的节奏朝着同一个目标前进。公开的沟通形式可以是邮件列表，也可以是论坛或社交媒体等。

需要注意的是，保证沟通的关键环节是建立一定的沟通规则。在建立沟通渠道之后，可能会出现各种沟通方式，有些人会用过激的语言影响社区环境，因此需要确定沟通规则，保证沟通内容健康有效，确保社区环境不受影响，让更多的人愿意加入社区。

● 处理冲突

有人的地方，就会产生冲突，对于社区来说，也同样如此。冲突是社区中不可避免也无法回避的一个问题。冲突的发生，会损害社区的健康，继而影响社区环境。同时冲突也会展示成员的激情，表明社区充满活力。处理冲突，首先要了解冲突发生的原因。其次，平心静气安抚各方，确定对话基调，调查收集证据，在处理冲突的过程中务必做到尊重各方，求同存异，最终达成共识。在冲突解决之后，记录流程，形成文档，便于社区成员后续进行反思。

● 聚集人气

聚集社区人气，就像企业所做的市场宣传培育工作，要争取更多人的关注。社区的营销过程不能依赖新闻发布和做广告，也不能依赖流行语和口号来"蹭热点"。社区的人气凝聚过程是一个社群裂变的过程，依靠社区中每个人的力量，鼓励社区中每个人发挥作用，共同吸引人气。

● 发起活动

发起的每个社区活动要实现什么目的，获得什么样的结果，这是组织活动的必要前提。

活动前期，活动发起者需要组织并邀请活动参与者，确保参与成员知晓活动的目的。合理安排活动时间，以便成员可以参加，同时，明确需要的预算额度，确定赞助商名额及费用分担。

活动期间，确保活动的举办目的是可实现的，以及可有效记录活动内容的。活动中的沟通方式可能是多种多样的，为了激发和鼓励最有效的沟通，需要避免出现有攻击性、过激性，以及非建设性的讨论批评，同时尽力营造轻松的氛围，便于活动有效开展。

● 社区治理

社区治理相当于如何执行企业的决策权。社区治理需要建立有效、开放的沟通流程，维护被治理者的利益。由于社区在发展的过程中不断壮大，势必会面临社区规模激增，社

区冲突越来越多，以及社区资源增多导致的商业利益错综复杂等问题。长期保持多人协作的模式，需要一定的治理手段以构建一个和谐的社交结构，社区治理的目标应是保证社区公平透明。

Eclipse 基金会与 Apache 的社区治理方式不同，它成立于 2004 年，其目的是管理和引领 Eclipse 项目。在 Eclipse 基金会中，负责开源项目的战略方向和决策的是基金会中的战略成员，每个战略成员都是 Eclipse 基金会的董事会代表，具有决定 Eclipse 战略方向的权利，另外战略成员还在各种 Eclipse 理事会中占有一席之地，影响和丰富 Eclipse 的生态系统。

常见的社区治理模式包括独裁型、精英制以及委托管理。

独裁型是指治理和决策主要由一个人掌控，社区的"独裁者"通常是社区的创始人，这些社区通常没有开放治理和选举，也不会通过社区讨论来决定发展方向。

精英制是指社区没有正式的领导者，领导力需要通过社区成员的影响力来展现。

委托管理是指社区治理权被委派给一系列更小的单元，这些单元合在一起形成治理机构，实施管理。通常会形成委员会来行使社区权利，包括批准和拒绝会员加入、解决社区冲突、确定项目价值、规范社区流程变化、任命社区治理结构以及决定社区发展方向。

2 开源项目在基金会的成长史

通常情况下,开源基金会负责为项目提供支撑和服务,包括资金支持、技术支持、法务支持,项目在关键节点运作则需要社区技术管理委员会投票决定,项目的日常事务由项目本身的技术管理委员会决定。

一般说来,项目进入基金会一般要经过 3 个阶段:沙箱阶段、孵化阶段和毕业,每个阶段都有一定的要求和标准。

● 开源项目申请进入沙箱阶段

项目想要进入社区孵化,需要进行前期准备,包括前期的项目介绍,进入社区技术管理委会投票等。

以 CNCF 社区为例,CNCF 规定托管的开源项目首先要符合云原生定义。

云原生技术有利于各组织在公有云、私有云、混合云等新型动态环境中,构建和运行可弹性扩展的应用。云原生的代表技术包括容器、服务网格、微服务、不可变基础设施和声明式 API。

在技术方面,要求项目能够构建容错性好、易于管理和便于观察的松耦合系统。结合可靠的自动化手段,云原生技术使工程师能够轻松地对系统做出频繁和可预测的重大变更。

想要在 CNCF 社区申请开源项目，需要具备以下条件。

1. 开源项目所支持的单位必须成为 CNCF 会员。

2. 开源项目必须满足 CNCF 要求，具体如下所述。

（1）项目名字必须在 CNCF 唯一。

（2）具有对应项目描述，包括用途、价值、起源、历史等。

（3）具有与 CNCF 章程一致的声明。

（4）具有来自技术管理委员会的支持（项目辅导）。

（5）项目具有许可证（默认为 Apache 2.0）。

（6）支持代码托管平台，可以实现源代码控制，如 GitHub 等。

（7）项目具有与其相对应的英文网站。

（8）完成项目成熟度模型评估，参考开源项目加入 CNCF Sandbox 的要求。

（9）注明创始提交者（committer），明确成员各自对于项目贡献的时长。

（10）介绍项目基础设施需求，如 CI/CNCF 集群等。

（11）建立项目沟通渠道，如 slack、irc、邮件列表等。

（12）支持项目 issue 追踪，如 GitHub。

（13）明确项目发布的方法和机制。

（14）创建项目社交媒体账号。

（15）说明项目目前社区规模和已有赞助。

（16）拥有 SVG 格式的项目 logo。

项目获得两个技术管理委员会成员的赞成便可进入沙箱阶段，如果直接获得 2/3 技术管理委员会成员的支持，可以直接进入孵化阶段。项目知识产权由开源发起企业转交给CNCF，CNCF 基金会对于项目进行推广宣传，例如，撰写博客、开展公关工作等。

● 开源项目由沙箱阶段进入孵化阶段

开源项目进入沙箱阶段之后，会有越来越多的外部贡献者参与进来，同时逐渐应用于用户信息系统构建，此后，项目越来越成熟，便进入孵化阶段。仍旧以 CNCF 社区为例，项目由沙箱进入孵化阶段需要具备以下条件。

沙箱中的开源项目需要获得 2/3 的技术管理委员会成员的赞成投票，并通过技术管理委员会的尽职调查，贡献者数量健康稳定。其中，沙箱项目没有时效性要求，有可能一直处于沙箱状态；至少有 3 个独立的终端用户在生产上使用该项目，一般需要在项目的官网列举实际用户；项目具有足够数量的健康贡献者，在 GitHub 上有明确的提交者权限划分、职责说明和成员列表；项目持续推进，具有良好的发布节奏以及贡献率。

所以，项目由沙箱进入孵化阶段的关键，是获得技术管理委员会的支持，同时逐渐形成良好的贡献模式，拥有足够数量的健康用户。

开 源 法 则

● 项目从孵化阶段到毕业

项目从孵化阶段到毕业一般需要一个漫长的过程，目前，CNCF 基金会已经毕业的项目有 13 个，毕业的具体要求如下所述。

> 至少有来自两个组织的外部贡献者；具有明确的项目治理方式、提交者身份以及权限管理；接受 CNCF 行为准则，例如，不使用违反公序良俗的语言或图像、不进行人身攻击、不进行哄骗或侮辱/贬损评论等；获得 CII（核心基础设施计划）最佳实践徽章；在项目主库或项目官网有公开的采用者的 logo。

其中，获得 CII（核心基础设施计划）最佳实践徽章的基本要求如下所述。

> （1）拥有基本项目内容网站，网站上简洁地描述项目生成的软件功能，如何获取软件，如何提供反馈，以及如何为软件做出贡献的信息。
>
> （2）项目明确指定许可证，该项目生成的软件必须以符合开源定义或自由软件定义的方式（FLOSS）发布，此类许可证的示例包括 CC0、MIT、BSD 2 子条款、BSD 3 子条款修订版、Apache 2.0、小型 GNU 通用公共许可证（LGPL）和 GNU 通用公共许可证（GPL）。这也意味着许可必须是开源计划（OSI）批准的许可，或自由软件基金会（FSF）批准的免费许可，或 Debian main 可接受的免费许可证，或 Fedora 认证的许可证。
>
> （3）该项目必须为生成的软件提供基本文档，且文档必

须包含在某些媒体中，其中包括如何安装、如何启动，以及如何安全地使用它。

（4）项目站点（网站、存储库和下载 URL）必须使用 TLS 支持 HTTPS。

（5）该项目必须具有版本控制的源存储库，该存储库是公共可读的并且具有 URL，项目的源存储库必须跟踪进行了哪些更改，谁进行了更改，以及何时进行了更改。为了实现协作审查，项目的源存储库必须包含用在发布之前进行审查的临时版本，它不能只包括最终的版本。

（6）项目必须为每个用户使用的版本提供唯一的版本标识符，这可以通过多种方式实现，例如，提交 ID、版本号。

（7）该项目必须在每个版本中提供发行说明，说明是该发行版中主要更改的地方的可读摘要，以帮助用户确定是否应该升级以及升级将会产生什么影响，发行说明绝不能是版本控制日志的原始输出。

（8）该项目必须为用户提供一个提交错误报告的流程，支持使用问题跟踪器来跟踪个别问题，响应在过去的 2~12 个月（含）中提交的大多数错误报告，以及回应在过去的 2~12 个月（含）中大多数（> 50%）的增强请求。

项目必须发布报告项目漏洞的流程。

项目必须使用标准的开源工具做有效的构建，如启用并修复编译器警告和类似 lint 的检查，以及执行其他静态分析工具，并修复可被攻击利用的问题。

项目拥有涵盖大部分代码 / 功能的自动化测试套件，并正式要求对新代码进行新的测试。

项目自动运行所有更改的测试，并应用动态检查，如执行内存 / 行为分析工具（如 sanitizers/Valgrind 等），以及执行模糊测试器（fuzzer）或 Web 扫描程序。

开发者需要了解安全软件和常见的漏洞错误。

项目生成的软件，必须使用由专家公开发布和审查的加密协议和算法，不能重新实现标准功能。项目的生成依赖于加密软件中的所有功能，必须由开源加密实现，使用保持安全的密钥长度，不使用已知损坏或已知的弱算法，使用具有前向保密性的算法，使用密钥拉伸算法，使用迭代、加盐和哈希值存储任何密码，使用加密随机数源。

该项目必须使用一种抵御 MITM 攻击的传递机制，例如，https 或 ssh + scp。

项目没有公开超过 60 天、中度或重度的未修补漏洞。

所以，项目从孵化阶段到毕业的关键，是拥有组织外部贡献者，同时获得 CII（核心基础设施计划）最佳实践徽章。

Apache 基金会的项目毕业同样需要满足以下要求：开源软件，免费分发；代码易于发现，可以公开访问；可以使用标准化工具进行构建；项目代码的完整历史可以通过代码控制平台获得；每一行代码的出处都是通过源代码控制平台建立的。

许可证和版权要求。项目使用 Apache2.0 开源许可证；开源项目强依赖项的许可证不会比 Apache2.0 许可证严格；强依赖项须为开源软件；贡献者需要签署 Apache iCLA 协议；项目产生的版权所有权被清楚地定义和记录。

发布版本要求。发布版本由源代码组成，使用标准和开放的归档格式发布；项目发布由 PMC 批准；发布版本要与摘要一起签名 / 分发；二进制文件可以与源代码一起发布。

软件质量要求。该项目对其代码的质量是开放的；该项目将安全性放在较高优先级；该项目提供了一个文档完善的、安全的、私有的渠道来报告安全问题；该项目要满足向后操作的兼容性；该项目及时响应记录的错误报告。

社区要求。社区具有自己的网页；社区保持对贡献者友好；贡献不仅针对源代码，而且针对文档等其他对项目有帮助的方面；构建精英式的治理模式；明确记录贡献者的权限；社区根据具有决策权成员的共识进行决策；技术回答用户问题。

建立共识。该项目维护着具有决策权的参与者的公开列表；每次决策需要 9 名 PMC 达成共识；当意见不一致时，使用成文的投票规则建立共识；在 Apache 项目中，否决权仅对代码提交有效；所有重要讨论都以书面形式异步发生在项目的主要沟通渠道上。

公立。该项目不受任何公司或组织的影响；贡献者作为公司或组织的代表。

3 开源的收入与产出 —————————→ •

资源开放、知识产权共享，这些让开源看上去很像"乌托邦社会"，而开源的活力也正是因此得以持续，商业价值的传递必然也是开源得以发展的持久动力。

开源生态涉及各项事务的协调，就像企业运营中需要运营费用一样，必然涉及费用的支出。然而，开源社区所涉及的运营费用从哪里来？企业在开源社区中需要付出哪些？收益又是什么？个人在开源中的付出和收益又有哪些呢？下面为读者——解答。

● 开源社区的钱从哪来？

成熟的开源社区有相对稳定的收入来源，大致包括会员会费、个人赞助和社区运营3个部分。

（1）会员会费

会员会费是社区资金的主要来源，通过每年向会员单位收取会费，社区获得一年的费用。以 CNCF 基金会为例，白金会员每年 370000 美元，黄金会员每年 120000 美元，白银会员每年 7000~50000 美元，学术机构每年 500 美元。截至 2019 年 3 月，CNCF 会员超过 300 家。Apache 基金会同样靠收取会员单位会费作为收入的主要来源。

> Linux 基金会将会员划分等级进行管理。基金会有 3 个不同等级的会员：白银、黄金和白金。此外，Linux 还设有准会员。各级别会员需要承担的责任有所差别，白金级别会员同时拥有董事会席位。目前，Linux 拥有白金会员 15 家，黄金会员 16 家，白银会员 854 家，准会员 96 家。

（2）个人捐赠

与会员会费相比，个人捐赠是以个人名义捐献给基金会的，商业色彩较弱。

（3）社区运营

社区在运营的过程中，围绕开源项目衍生出一系列的培训、认证，包括人才培训费用、企业认证费用、软件一致性认证费用等，可以为社区提供一部分收入。CNCF 基金会目前已经推出 K8S 人才认证计划，培训费用由合作伙伴收取，认证费用为每人 300 美元。

> OpenStack 基金会存在基础设施捐赠者，他们是运行 OpenStack 云的公司，向 OpenStack 项目捐赠云资源，这些资源主要用于自动化测试框架，以支持 OpenStack 开发工作，目前共有 5 家基础设施捐赠者，也有赞助商为基金会提供资金支持，目前赞助商共有 73 家。

Apache 基金会收入情况见表 3.1。

表 3.1　Apache 基金会收入情况

收入 \ 年份	2018 年	2022 年	2023 年
捐赠总额	111	135	220
赞助金额	1084	1500	1665
总的规划	28	28	28
利息收入	4	4	4
总收入	1227	1667	1917

● 开源社区的钱花哪去？

开源社区需要花费的方面大致包括基础设置服务、宣传及品牌管理服务、社区活动、律师费等。

（1）基础设施服务

基础设施服务包括邮件列表、网站、代码托管、问题跟踪以及一系列构建和部署工具。以 Apache 基金会为例，基础设施服务支出占到社区支出的 80% 以上，当然也有很多项目使用 GitHub 或者外部服务。在未来的发展中，社区会鼓励项目更多地使用外部提供的服务，从而控制社区基础设施服务的费用支出。

（2）宣传及品牌管理服务

宣传及品牌管理服务主要包括对基金会本身的宣传及重点项目的推广，有效回应查询和新闻事件，管理社区整体公众形象，举办大型会议，吸引更多的有志之士加入社区。

（3）社区活动

社区活动包括社区线下技术研讨会以及大型会议，为社区人员提供一个面对面的交流机会，同时吸引更多人参与社区活动。

（4）律师费

每个开源项目都有开源许可证用来进行法律保护，但是开源许可证相对复杂，应用场景众多，社区需要配备相应的法务人员为社区提供法律服务，并给出专业的法律建议。

Apache 基金会费用情况见表 3.2。

表 3.2　**Apache** 基金会费用情况

费用 / 开销　　年份	2018 年	2022 年	2023 年
基础设施	818	868	1099
项目费用	27	27	27
宣传	182	352	387
品牌管理	89	141	225
研讨会议	60	12	60
差旅援助	50	79	25
基金	49	51	61
筹款	46	53	283
一般行政	118	139	44
主席酌情决定	10	0	10
总费用	1418	1722	2211
净收入	−212	−55	−294
现金	1767	595	1261

● 企业参与开源是否能够赚钱？

开源和免费并没有直接的关系，在前文我们也提到过，开源软件一开始被叫作自由软件。开源软件是可以收费的，而且有其成熟的商业模式，另外，在开源生态中，很多商业

公司也已经站稳了脚跟。

随着开源文化的普及，开源软件逐渐得到认可，但用户要使用开源软件，需要有公司对开源软件进行技术支持，从而产生商业需求。另外，规模企业过去采购软件时，时常遇到软件升级费用非常高，以及无法替换供应商等问题，开源软件的开放性可以解除企业与供应商的绑定，增加企业在软件销售或者升级上的议价权，同时满足了对开源软件的商业需求。

目前，全球有 35 家市值超过 1 亿美元的基于开源项目的商业公司，这些商业公司的盈利模式大概有以下几种。

（1）提供增值功能

开源软件的一个典型的商业模式就是通过提供增值功能使用户付费。用户在使用基础功能的过程中，不需要付费，但用户的某些特殊需求，可以通过增值功能来满足，用户在需要这些增值功能时，可以付费购买。

（2）销售企业级产品，提供专业服务

开源开发模式是快速促进创新的最佳模式之一。企业需要产品，而不是项目，许多开源公司不了解项目与产品之间的这种差异，提供的解决方案缺乏稳定性、兼容性，以及其他的能力，或缺少非功能需求，而这些恰恰是企业客户运行其关键任务应用所必须依赖的东西。红帽是市场上最大的开源软件解决方案提供商之一，实行产品订阅的收费模式，从上百万个项目中发现企业可能需要的项目与功能，然后利用自身的专业能力打造出标准化的商用产品，搭配企业级服务。

（3）以 SaaS 形式出售

有了云计算之后，用软件即服务的方式赚取利润，不失为一种可行的办法，尤其以应用软件、CMS、HR、ERP、CRM 等系统应用为主，让在线用户通过按需付费、即用即付的订阅方式来完成整个过程，而软件本身是开源的。

（4）广告

在开源软件中安装广告的播放插件，一旦安装后服务器就可以发布广告，这样的模式很像互联网的商业模式，因此，这种模式更适用于互联网厂商，适用于任何许可证。

（5）依商业许可重新发行

一些宽松的许可证，例如，Apache、BSD 等，是允许开源项目以商业且闭源的方式进行二次发行的。这其中最为著名的例子就是苹果公司的 MacOSX 操作系统，其内核使用的是 BSD Unix，但是其二次发行也是顺理成章的。这样的方式，也是我们本土常见的方式，例如，OpenStack 采用非常宽松的 Apache 协议，进行再次商业发行，其中自己修改的、新增的代码是可以不开源的。

（6）建立生态

商业公司将私有项目以开源方式运作来建立生态，号召更多的开发人员参与，并基于开源系统开发，随着开源系统在开发人员中变得流行，甚至成为行业标准，便可以利用生态获得收入。

例如，谷歌在 2008 年开源 Android，现在，Android 成为使用最广泛的手机操作系统之一，有超过 40 万的开发人员和超 10 亿的用户。广告商在 Android 设备上投放广告，与应用程序开发商使用 Android 系统，一年可为谷歌带来数十亿美元的收入。

又如，谷歌在 2015 年 11 月将 TensorFlow 开源，随着 TensorFlow 被全世界各地的开发人员采用并流行起来，谷歌便推出了一个在谷歌云平台上运行的 TensorFlow 版本，个人和企业用户在谷歌云平台运行 AI 软件时需要付费。

总结各类开源的商业模式，可以发现，开源目前有 4 种长期的盈利或补偿方式：销售企业就绪产品 + 配套专业服务；细分权利，按服务项目收费；绑定收费和间接获益。

其中，最重要的是前 3 种，开源企业实现长期、规模化盈利的方式必须满足两个必要条件：一是产品具有原始创新（高增值）+ 商业模式创新（收费模式 / 服务模式）；二是企业产品链足够长，软件作为集成产品的一部分（整合创新，价格转移）。

开源商业模式的创新及条件如图 3.1 所示。

● 企业参与开源需要投入什么？

跟踪开源社区需要持久投入，代码级的参与更是需要投入大量的时间和精力。通常，将开源作为企业级战略的企

业，需要专门设置开源管理办公室，一方面对开源进行统一
管理，提前布局开源生态，关注竞品发展动态，使开源配合
企业产品的总体发展；另一方面，对于基于开源做软件产品
的企业，需要持续给开源社区做贡献，通过影响开源项目的
发展，来实现商业价值。

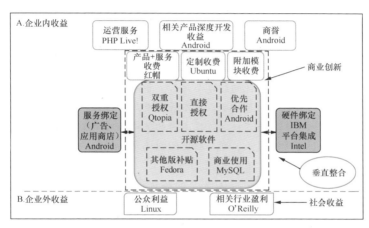

图 3.1　开源商业模式的创新及条件

总体来说，对于企业来说，开源的投入主要是时间和人力
的投入；对于开源统一管理，还会涉及部分开源工具的采购。

● 对于个人来说参与开源能得到什么？

个人参与开源最直接的收益是代码，任何参与开源社区
的人都可以直接看到代码，根据开源许可证使用开源代码，
打破技术壁垒，快速跟踪国际先进的技术，研发人员可以借
助开源社区快速提升技术水平，知名的开源项目均有业界高

水平研发人员参与，其源代码在编码风格、算法思路等方面有许多值得技术人员借鉴的地方。研发人员在使用开源项目或基于开源项目进行二次开发的过程中，可以通过阅读源代码等方式学习技术专家们解决问题的创新方法。

与此同时，开源社区更像一个公开的榜单，对社区贡献多少，在社区是否任职都是对外公开的，可以作为开发者的重要标签，同时也是增加工作履历、丰富个人简历的重要参考。

> 开源社区的组建与运营。董事会负责开源社区的战略决策与管理，技术管理委员会负责开源项目的技术指导；社区依据本身的使命与规章制度招募旗下管理团队、划分社区组织单元、规范内部的沟通与管理、治理流程。
>
> 开源项目在基金会的孵化流程。新项目想要正式加入社区一般要经过 3 个阶段，沙箱阶段、孵化阶段和毕业，每一个阶段都拥有详细的考核标准。
>
> 开源生态的商业模式。开源社区的主要收入来源是会员会费、个人捐赠与社区运营收入，而支出主要包括基础设置服务、宣传及品牌管理服务、社区活动、法律等方面。企业参与开源也可以通过增值服务、SaaS 出售、广告、商业许可与生态建立等方面获得收益。

CHAPTER 04

怎么跟上开源潮

不言而喻，开源已经成为技术领域的主流，对于一家以软件开发为业务的企业来说，企业自主开源可以吸引更多的开发者加入自己的项目中，从而有效提高研发效率和代码质量。

软件厂商将项目开源后，项目的用户范围更广，应用场景更复杂，研发人员在开发时不能只考虑本公司的业务需求和人员的使用情况，需要更加注重代码的兼容性、规范性等问题。

项目在开源的过程中，可以吸引更多优秀的开发者和用户参与到代码开发中，注入更多新鲜的血液，让项目不断地发展。与此同时，开源项目部署在不同的应用场景，在使用中可以发现项目存在的问题，节省测试成本。

企业自主开源能够引领技术发展，建立以开源企业为核心的生态圈。开源项目在运营的过程中，可以吸引潜在用户使用开源软件，让业内更多的企业、开发者了解开源项目所属企业的技术发展情况，通过开源技术，建立软件提供商和用户的上下游生态圈，及时了解用户需求，抢占商业版图，促进企业良性发展。

1 高管们，准备好了吗

对软件企业而言，如果准备以企业（非个人）名义对外开源一个项目，需要在开源之前做好充分的准备和内部评估，从业务、技术、合规 3 个层面对开源项目进行考察。这样做，一方面可以避免日后遇到不必要的麻烦，另一方面也有助于团队理清思路，为日后的商业化做好准备。

● 业务评估

开源前，业务方和项目负责人首先应对自身项目和所处的环境进行充分的了解，并根据需要与相关人员进行沟通，根据实际情况制定具体的开源策略。在准备期间可参照以下条目。

（1）认清开源动机

从开源能带来的价值出发，找到开源与自身业务价值和发展需要的契合点。只有找到了意义和价值，让开源行为拥有正当的动机，才能说服企业、团队甚至潜在的协作者予以支持和帮助。

对于大多数情况而言，开源的动机和目的可以归结为以下几种情况。

被动开源。出于行业惯例、规定或合规要求将项目开

源。例如，产品使用了带有传染性协议的开源代码，在分发时，依照协议和行业规定，对项目进行合规的开源处理。这样的开源动机是以合规为主要目的的。

技术共享。加强同业之间的交流，改善团队氛围和提升技术的影响力。为了提升研发团队的技术能力，与业界领先水平缩小技术差距，而采取开放性尝试；或是宣讲团队拥有领先地位的技术和能力可以把项目开源，接受同行评议与比对，并根据同行反馈组织共建。这样的开源项目一般以研发团队的诉求和个人意愿为主要动机。由于现代工程师强调技术信仰与奉献精神，这一类开源项目重视分享，并在实际工作中比较容易落地。

开源与互联网精神有着异曲同工之妙，互联网公司参与开源也更顺理成章。

腾讯从提供大数据服务开始，就通过开源代码，与开发者共建开源生态、实现成果共享，目前已成为大数据领域开源最全面的公司之一。腾讯大数据和 AI 领域的开源项目 Angel 日前从 Linux 基金会旗下专注人工智能方向的 LF AI 基金会毕业，成为中国首个毕业项目。在基金会的指导和开发者的共建下，Angel 完成了从单一的模型训练平台到全栈机器学习平台的技术跨越，这正是技术共享的价值体现。

除了近百个开源项目在 GitHub 上广受欢迎之外，腾讯也在积极回馈开发者生态，向 Apache、Linux 等基金会捐赠了 Angel、TubeMQ、TARS 等优质的开源项目，以开源的形式贡献全球科技生态。

开源作为产品特性以获取竞争优势。开源软件的开放透明等社会共识，使开源的解决方案更容易获得用户的信任。开源降低了用户的获取和维护成本，能够争取更多的社区支持和口碑传播，增强了信任度。此时产品选择以开源的形式发布，可以帮助企业在行业中获取竞争优势。在这种情况下，开源更注重商业模式和产业共建。

腾讯云 TStack 的"底座"，就是基于 OpenStack 和 K8S 等开源架构构建的。在这种模式下，腾讯云 TStack 可以为用户带来更开放的多平台兼容能力，可以支持多种异构云纳管。同时，存量虚拟机平台也可以无缝纳管至 TStack 平台。与闭源相比，云平台的核心采用开源技术的最大好处是，可以让整个平台架构获得更大的兼容性、灵活性和可扩展性，让 TStack 成为集 IaaS、PaaS 和 SaaS 于一体的全栈云平台。

体现社会责任和提升企业形象。企业在创造利润的同时，还要承担起对消费者、环境乃至社会的责任，这要求企业必须超越把利润作为唯一目标的理念，强调对环境、对社会的贡献。企业可以复用的项目通过开源的形式回馈行业和

社会，不仅有助于企业实现社会责任，而且有助于企业维护自身的公众形象。

丰富行业应用，带动行业生态。 在特定领域，通过开源的形式丰富行业的技术方案，并借助开源的优势获得社区和开发者的支持，有助于企业参与和经营行业生态，并最终影响到事实上的行业标准。与闭源软件相比，开源的解决方案更容易形成事实标准，从而比法定标准产生更大的能量。例如，在微信开发者生态中，小程序的开源框架对微信构筑开发者生态很有帮助，开源框架能够帮助企业开发者快速实现移动化服务能力。

拥有王者荣耀等现象级游戏的腾讯，其云计算运维开源项目蓝鲸 CI（BKCI），是一个依托复杂场景和快速迭代，经过腾讯数百款游戏检验衍生出的能够适配各类行业的一体化运维平台，可以应对目前规模大、技术栈复杂、流量大、变更频发的需求。目前，腾讯蓝鲸、高性能 RPC 开发框架 TARS，已经通过中国信息通信研究院首批可信开源项目评估，逐渐成为行业标准。

集中资源形成联盟，促进行业共建。 随着社会分工不断细化，许多工作无法仅由一家企业单独完成，企业之间需要密切配合，并在产业链条上进行分工。同样对于一些重点项目，需要聚集多家企业的力量才能完成。用开源治理的方式形成产业联盟，已经成为企业间相互协作的可选模式之一。

> KVM 是 Linux 下 x86 硬件平台上的全功能虚拟化解决方案，也是当前云计算中计算虚拟化的主流技术。腾讯云是最早拥抱 KVM 技术的云计算服务商之一，早在 2013 年，腾讯云基于对虚拟化技术未来发展方向的判断，便全面采用由开源社区支持的 KVM 技术，并投入核心团队参与研发。
>
> 从 2014 年开始，腾讯云也开始向 KVM 社区回馈成果。2016 年，腾讯云开始组建开源团队，专门负责向社区贡献成果并解决社区反馈的问题，不断提升社区版本的性能和稳定性，推动 KVM 成为虚拟化主流技术。2017 年和 2018 年，腾讯云连续两年进入全球企业贡献者排行榜前列。2019 年，腾讯云连续第三年在全球企业贡献者中上榜。

推动产业革命，推动生产力发展与人类进步。由于开源技术的广泛应用，开源项目已经成为技术发展，甚至科技发展的重要组成部分。促发展，谋进步，本是企业治理的终极理想。同样，开源活动根本的意义和价值，归根结底是为了通过推动产业革命，谋求生产力的发展，促进生产效率的提升，最终推动人类进步。

对于业务来说，开源的动机可能包含以上一点或几点。

在开源之前，企业应当对自身的目标形成整体性认识，避免盲目开源而导致无疾而终。

（2）了解用户需求

按照开源的使用方式，开源软件的用户可以分为 3 类。

第一类，开源软件的终端用户，这类用户更关注产品的功能以及使用的体验和感受。

第二类，使用开源软件代码用于自身业务开发的开源使用者，用以实现与自身业务或服务有关的应用，例如，微信小程序开源框架的使用者，他们使用微信小程序的开源框架，实现对移动互联网用户的服务，此类用户更关注开发者生态问题。

第三类，将开源软件集成在自身的产品或解决方案中，向终端用户进行分发销售的软件厂商或集成服务商，他们生产的软件和集成方案需要再次向客户交付，因此对于开源软件，更关注开源项目的发展情况、社区权益以及社区治理。

不同的用户会有不同的需求。分析用户在开源方面有哪方面的需求并为之准备解决方案，是开源项目在开源前应当酌情考虑的问题。

（3）分析行业特性和技术环境

置身于行业当中，行业的发展情况、行业技术能力、技术发展方向、解决方案饱和度等，都与开源软件发布

能实现的效果息息相关。例如，2015 年以后在 Adobe
Flash 平台上提供 ActionScript 开源服务框架，可能不会
有太多的收获，因为当时 Adobe Flash 的解决方案正在被
市场和行业淘汰。因此，开源的决策者和执行人应充分理
解市场的发展方向，提高预估和把控能力，了解技术的发
展变化趋势。

（4）分析业务特性，与业务相关人员充分沟通

由于开源治理在国内尚属新兴方案，特别是开源软件的
商业模式与传统软件销售模式显著不同，在大多数传统企业
和软件开发商中，相关从业人员对开源治理的概念理解并不
深刻，因此需要与相关人员，特别是软件销售人员、支持人
员、合作伙伴、决策者等充分沟通，以便各个合作方对开源
方案有充分的理解，保证开源本身与业务的发展方向一致，
并与产品的商业化策略并不冲突。

● 技术评估和自检自查

无论任何活动，都应该满足尊重职业道德和遵守法律的
双重前提，对于技术的运用也应当如此。因此，企业应从技
术应用上自检自查。

首先，保证所有代码的来源可查。在日常开发或准备开
源时，根据日常维护整理出一份代码来源的文本列表。这
份文本列表应列明项目引用了哪些第三方的资源和源代

码，以及这些资源和代码的项目名称、作者、出处、版本号和许可证。这样既突出了引用的第三方代码，也标出了哪些代码是项目自有的，便于在需要时整理软件作品的著作权关系。

其次，根据引用的第三方资源列表，应对这些资源或源代码的开源许可证有足够的理解，保证对其使用符合开源许可证——包括著作权、专利、商标等要求。若存在协议冲突，应对有冲突的资源或源代码进行剥离或替换处理。此外，由于自由软件源代码的开源，可能涉及专利、商标、商业秘密、用户隐私等问题，也应该对软件代码进行规范化处理。移除与本软件无关的专利和商标使用，确保不会泄露商业秘密，并确保源代码中不包含用户隐私等实际数据或仅包含符合法律和隐私规定的脱敏数据。

最后，由于开源代码也会影响组织、企业和个人的技术形象，应从代码层面予以规范，包括代码风格、注释、无关依赖、配置等。还应该准备尽量详尽的资料和说明文档，确保开发者和最终用户可以轻易上手和快速使用，同时这些资料和说明文档也应该符合道德与法律要求。

● 合规审查

在行事规范的企事业单位中，为保障企业、用户和最终消费者的权益，会设立独立的开源审核机构或小组，在软件项目开源之前，对项目进行合规性审查。审核小组一般由独立于业务的开源专业人士组成，他们对软件开源、技术发展趋势、著作权、法律、专利等有深刻且专业的理解。

合规审查需要关注以下几个要点。第一，开源代码和文档中是否存在泄露用户隐私和商业秘密的情况，如果有则应当移除。第二，确认已经解决已知的安全漏洞（包括自研代码和引用的第三方代码），如软件注入漏洞等。如果仍然存在显著漏洞，应予以修补，避免开放被使用后影响公众安全。第三，确认软件引用的第三方资源和软件列表，使用专业工具进行扫描认定（例如，Blackduck Protex、FOSSID 等），并与业务方提供的引用列表进行比对确认，防止遗漏。第四，根据确认的第三方引用列表，逐个判断软件在开源许可证等方面使用是否合规。第五，在专利、商标、著作权、用户隐私等方面，确认项目的开源与使用没有侵犯他人权益。第六，经过总结和沟通给出审核意见，并对开源项目的业务团队予以一定程度的合规化培训。

在经过业务评估、技术评估、合规审核之后，从企业层面来看，开源的准备已经基本完成。

2 开源是个细致活

当企业已经自上而下地批准了一个开源项目后，首先要明确开源项目的负责人，从项目负责人的角度来看，这个人要经历从项目开启、项目运行维护到项目关闭的全流程。值得注意的是，相比大家高度关注的项目开启，项目运行维护和项目关闭其实更消耗精力，同时也更容易被忽视。

● 项目开启

在项目开启前，制订一个完整且可执行性强的项目计划是重要且必要的，开源项目的负责人应该从项目发起之前就对开源之后的各个流程了如指掌，对后续所需要投入的人力和资源做到心中有数，这样才能为开源项目的良性发展奠定一个坚实的基础。

（1）确定开源项目

确定开源项目对外名称、logo，一般选取易于辨识的名称。

（2）确定托管平台

确定代码共享平台，GitHub 是目前使用率较高的代码托管平台之一。

（3）选择许可证

启动开源项目前，必须确定要使用的许可证、MIT、Apache 2.0、GPL3.0 等，应根据开源项目的特点及开源的目的，选择合适的许可证。

例如，GPL 不适用于商业软件或者对代码有保密要求的部门；LGPL 适合作为第三方类库被商业软件应用，但是不适合希望以 LGPL 协议代码为基础，通过修改和衍生的方式做二次开发的商业软件使用；Apache 对商业应用友好，使用者也可以在需要的时候修改代码来满足需要并作为开源或商业产品发布；BSD 允许在代码上开发商业软件并进行发布和销售，很多企业选用开源产品首选 BSD，因为可以完全控制第三方代码，在必要时修改和二次开发。

（4）编写项目说明

对所开源的项目进行具体描述，说明可以为用户做什么，包括项目介绍，应用场景，如何部署，如何开始，如何获取帮助，实现的目标等。

（5）编写贡献说明

编写贡献说明包括如何提交错误报告，如何建议新功能，如何配置环境和运行测试，等等。

（6）建立行为准则

行为准则是一份确立项目参与者行为规范的文件，可以帮助项目促进健康、有建设性的社区行为，积极主动减少参

与者在项目中产生疲劳的可能性，并帮助项目在有人做出项目管理者不同意的事情时，采取相应的行动。准则应该尽早建立，最好使用已有的准则，例如，贡献者盟约、Django行为守则、Citizen 行为守则等。确定准则后，确定如何执行行为准则，包括收集违规行为的渠道、调查违规行为的方式等。项目的维护者应尽最大的努力执行行为准则，对违反准则的人，采取恰当的回应方式和惩罚措施。

● 运行和维护项目

对企业而言，开源是需要管理的。开源与传统商业软件的不同之处，在于开发的协作性，传统软件和商业实践是封闭式的，因此对许多企业而言，开源软件的管理打破了传统的业务流程，给公司的管理带来了一定程度的挑战。

● 组织架构

在讨论如何管理和维护开源项目之前，明确企业应该设置开源项目办公室（或开源管理小组）是很有必要的。当然，这个组织可以是实体组织，也可以是一个虚拟架构，但是必须明确这个组织的存在以及其应该承担的职责。

在企业内部设置开源项目管理办公室，可以制订开源代码的使用、分发、选择、审计和其他相关制度，同时还可以培训开发人员，保障项目的合规性，建立和提升社区的参与度。同时，该办公室还可以负责公司对内、对外所有开源资源的宣传和交流。

那么，开源项目办公室应该如何并入公司的组织结构呢？这主要取决于公司的业务情况和开源战略，需要根据公司的实际情况进行具体分析，开源项目办公室可以考虑设置在工程部门内部、法律部门、CTO 办公室或其他特定业务组。

以腾讯独具特色的开源治理机制为例，其在公司级技术委员会之下成立了对外开源管理办公室，下设开源管理组、腾讯开源联盟和开源合规组三大组织，由不同业务的技术专家、负责人、技术领袖组成开源联盟组委会和专家团，在开源文化、开源经验、开源活动等方面对开源项目施以指导和帮助，并通过开源评审平台孵化和培养优秀的开源项目。此外，腾讯开源管理办公室也积极为开发者们提供与国内外基金会和社区合作交流的机会，建立以开源为核心的技术生态圈。

● 管理制度和流程规范

对企业而言，管理者如果希望从整体上把控开源，制订相关制度和流程规范是很有必要的。企业应该规定在整家公司内使用开源程序的要求和规则，还应该有文档记录和可执行的流程规范，以确保企业遵守日常的基本规则。

（1）代码发布制度

以企业名义申请开源项目，应遵循相应的代码发布制度，发布开源项目前应首先进行自检自查，并按照流程规定提交给开源治理合规团队进行审核，避免代码出现开源许可证、安全漏洞、法律侵权等方面的问题。

企业对外发布的代码在很大程度上是企业形象的一种体现，建立规范的代码发布流程和清晰的审查程序能够从合规的角度保证开源项目的质量。

（2）贡献接受制度

项目开源之后，项目的参与者就不再仅限于企业内部，因此企业应该制定贡献接受制度，以便获得外部开发人员对开源项目的贡献支持。值得注意的是，企业应该在接受贡献之前要求贡献者（通常还有他们的公司）签署贡献者许可协议（CLAs）。CLAs 定义了知识产权对开源软件的贡献条款，许多成熟的大企业已经编制了 CLAs，甚至相关工具（如 CLA Assistant），企业可以直接使用。

（3）开源项目辅导制度和激励机制

对于企业的工程师而言，他们可能只了解自己的业务和代码，并不了解相关的法律和安全政策。因此，企业应该制定针对开源项目的辅导制度和激励机制，为开源项目负责人提供法律、知识产权、安全、运营、公关等方面的咨询和指导，帮助其更好地了解开源知识；通过设置奖项、公布杰出

贡献者名单等方式，鼓励内部开发者和外部参与者积极参与
开源项目。

● 开源项目运行维护

当项目已经开源后，开源项目的负责人应该持续跟进项
目情况，关注社区中的贡献及提问数量变动，及时回应问题
并适时进行版本更新。

（1）版本更新管理

企业应制订相关规范对版本更新进行管理。第一，使
用语义版本控制格式，为每次发布提供唯一版本。第二，项
目需要在每个发行版中提供发行说明或文档，这些说明或文
档是该发行版中重大更改的可读摘要，以帮助用户决定是否
应该升级以及理解升级的作用。第三，发布说明应该使用公
共漏洞和暴露（Common Vulnerabilities & Expousures，
CVE）分配或类似的方法，识别每个公开的已知漏洞，说
明已修复的漏洞。

（2）开源社区管理

企业在项目开源之后，应协调人员负责开源社区的日常
运行维护，推动项目健康持续发展。第一，建立公共沟通渠
道保证社区公开透明，维护邮件列表，确保用户在遇到问题
时能够有途径获得社区的帮助。第二，协调相关人员负责社
区管理工作，并提供社区所需服务。第三，制定安全的、记

录在案的流程，使参与者能够及时顺畅地报告漏洞或问题，使用电子邮件、社区留言等方式对参与者提出的问题或请求及时进行反馈。第四，为参与开源社区贡献的贡献者签署CLAs，并对贡献者数量、提交问题数量、每个贡献者提交的数量等进行统计管理。

> 社区治理对开源项目来说是一个极为关键的阶段，腾讯曾在发布的"三步走"开源路线图中指出，社区治理阶段更应注重大规模技术的推广与应用、开发者生态体系构建、社区领袖与领导力培养和全社会研发资源的优化配置，实现协同高效的社区开放治理。

● 结束或关闭项目

对企业而言，关闭或结束一个开源项目，是在某个时间点应该要采取且不可缺少的一步，但这并不一定意味着项目的失败，也可能是项目走向成熟的必然结果。

即便是企业刚刚开始为一个新项目的开源做规划，也应该制订出一个项目如何关闭或结束的简单计划，这也是一个完整的管理计划的重要部分。

做好项目全周期规划，有助于让开源项目拥有一个清晰完整的生命过程，包括明确的目标、高效的运作和平稳的结束。

那么如何判断一个项目是否需要关闭或结束呢？

如果一个开源项目的贡献或提交的稳定流量已经减少，这并不意味着项目已经结束，这可能仅仅意味着该项目已经成熟，实现了其发展目标，并且在为其用户服务的过程中不需要太多维护或更新，这样的结束是一件好事。

另外，如果项目使用人数和代码使用人数明显减少，这可能表明其他人对该项目的兴趣正在降低，该项目也表现出即将结束的信号。

其他可能用来判断项目将会走向结束的指标包括项目的整体活跃度和参与度、用户是否存在发布问题、用户是否积极参与在线讨论等。

对于项目的管理人员而言，当项目面临关闭或结束时，通过明确的计划、广泛的沟通，以及法律和程序性任务的完成，开源项目的过渡目标是可以圆满完成的。

一个开源项目的结束，主要要做两个方面的工作：告知社区成员和完成项目归档。

（1）告知社区成员

在项目结束或关闭之前，如果没有制订明确的计划，也没有与社区用户充分沟通就直接退出项目，会严重损害企业在项目和开源社区中的声誉。

为了在项目结束或顺利退出时维护企业的声誉，制订并采用循序渐进的退出计划，是一种比较稳妥的方法。这意味着企业需要在早期就关注项目用户，并规划好项目结束或退

出的时间线，以便那些可能会受到影响的用户有足够的时间完成相关的工作，并在有需要时把数据转移到其他平台。

那么，一般需要提前多久告知社区用户呢？Linux 基金会的建议是最少 6 个月。在告知社区用户的过程中，最关键的是要给用户设置合理的期望时间，并且要持续、频繁地与用户沟通，确保用户了解项目结束或退出进度。

值得注意的是，GitHub 上项目的存储库或其他相关位置是发布项目变化信息的重要地点。在这里，用户可以通过放置详细的注释来解释发生了什么，包括用自述文件向项目参与者发送信息以便了解情况。

（2）完成项目归档

在确定项目将要关闭或结束，并且按照上述要求明确告知社区成员之后，企业需要妥善完成项目的归档工作，包括处理原有项目中的代码、存储库、网站，wikis 以及其他项目资产。

在归档项目过程中涉及几个步骤。例如，不需要更改任何 URL，仅仅将项目变成只读状态就可以清楚地说明现在该项目已经归档，不再像以前那样可以定期更新。一旦项目存储库被归档，将无法添加或删除合作者或团队成员，并且其中的问题会变成只读状态。如果想要在已经归档的存储库中进行更改，必须对存储库进行解档。

同样重要的是，要为用户提供一个明确可行的备选计划，包括如何获取代码和为代码创建分支，以便继续使用。作为企业责任的一部分，企业应该向用户提供项目负责人的联系方式，以便用户能够列出配创建的分支，并提供给其他对此感兴趣的用户。

3 组队：缺一不可

　　我们在上一个章节详细地描述了企业组织管理者和开源项目负责人在项目开源全流程中扮演的重要角色，必须强调的是，一个好的开源项目绝不仅仅依靠程序员及其背后强大的公司，还需要很多辅助性角色的配合。

　　在前文"运行和维护项目"的章节中，我们提到了开源项目的"组织架构"，通过开源项目办公室牵头，企业应建立开源治理合规团队，制订企业开源战略和开源治理流程，统筹规划和推动企业开源管理工作。

　　开源项目的合规团队是一个由多人组成的跨学科团队，其任务是确保开源项目的合规性。核心团队通常被称为开源审查委员会，由工程和产品团队、一名或多名法律顾问、一名或多名安全顾问以及其他工作职位或职能人员组成。

　　（1）项目经理

　　为了提高效率，企业应该设置项目经理担任执行层的工作，使其可以直接监督和实际管理公司与开源相关的活动。

　　（2）法律顾问

　　每个开源项目都应该由法律顾问进行审核，确保符合法律、开源许可协议以及其他规定，对知识产权等法律风险进行评估，保证企业可以在内部使用代码，并以可接受的条款回馈项目。

（3）安全顾问

企业对外开源项目的代码应该经过安全扫描，安全顾问的职责是确认扫描结果并在出现安全问题时，及时与相关负责人进行沟通，对问题进行妥善处理。

（4）其他工作职位或职能人员

设立其他工作职位或职能人员对于开源项目办公室也是非常重要的，包括工具管理员、培训管理人员、工具和系统集成开发者、测试人员、部署支持人员、翻译人员、项目实施负责人、开源宣传推广人员等。

众多角色在开源项目办公室的牵头带动下，在开源项目的完整生命周期中扮演着重要的角色，这些角色或许并不如程序员的贡献那样"核心且显而易见"，却是开源项目团队不可或缺的一分子。一个开源项目从公司内部走向外部，这些相关角色都为开源项目付出了必不可少的力量，也为开源项目的成功奠定了坚实的基础。

> 企业自主开源可以吸引广泛的开发者和用户加入自己建立的开源项目中，提升研发的效率与质量，但同时也存在兼容性、规范性、安全性等方面的问题，所以我们要在企业、项目、人事等层面把好关。

企业层面。企业在自我开源之前要做好充足的内部评估，从业务、技术、合规3个层面对开源项目进行考察。业务评估要认清自身的开源动机、用户需求与行业环境；技术评估要自检自查，弄清所有代码的来源；合规评估要做到不存在商业机密、知识产权与安全漏洞等方面问题。

项目层面。项目采取自上而下的结构，应选取经验丰富的项目负责人，并且做好"项目开启""项目运行维护"和"项目关闭"全流程的工作。项目开启阶段要确定项目说明、托管平台、许可证、贡献与行为准则；项目运行维护阶段要确定项目的组织架构与运行模式；项目关闭阶段要完成告知社区成员与项目归档方面的工作。

人事层面。一个好的开源项目除了开发人员外，还需要完善的核心管理团队来维持开源项目的运营，包括项目经理、法律顾问、安全顾问、培训管理人员、翻译人员和开源宣传推广人员等角色，他们都为项目成功付出了必不可少的力量。

CHAPTER 05

引入开源的
正确姿势

前文中，我们提到了企业信息化的发展趋势，企业从自建数据中心、购买闭源商业软件的时代，进入到云服务时代。IDC 在《全球云计算 IT 基础设施市场预测报告》中公布的数据显示，2019 年，云基础设施采购首次超过了传统 IT 基础设施采购，开源也逐步成为主流。

过去，企业的信息化采购，大都采购的是闭源软件，这也导致了闭源软件在业内形成垄断，系统维护费用昂贵，企业从使用闭源的企业应用逐渐切换到开源软件，当然，这样的切换也与开源软件的日渐成熟有关。

Linux 和 MySQL 等基础类核心项目均为开源项目，用户数量庞大；在一些新兴的技术领域如云计算、大数据、人工智能等，相关企业往往会选择开源。不管是主动拥抱开源还是被动引入开源，不可否认的是，企业在选型时，已经把开源纳入到软件的选型标准之中。

无须多言，拥抱开源已经成为一种不可逆转的潮流，对企业而言，很多时候引入开源不是一种选择，而是一种必然。

1 错过一定会后悔 ————————→ •

企业选择应用软件，一方面需要考虑总拥有成本，这里的成本不仅包括购买成本，还包括开发成本、运维成本、人力成本等。从这个角度来讲，使用开源软件不仅不意味着"免费"，还可能有后续和额外的支出。另一方面，企业需要考虑技术的先进性和软件的成熟稳定性，毕竟企业对开源软件的使用往往与企业业务直接相关。选错软件往往会显著提高开发成本、降低开发的灵活性，甚至影响业务的稳定性。

在过去的十年里，企业采用开源软件的趋势在日趋深入，因为越来越多的企业发现，开源软件拥有相当大的优势，总体来看，支持企业选择开源软件的原因主要有以下几点。

● 开源社区蓬勃发展，参与者众多

与购买专有软件相比，开源软件的优势在于，其拥有蓬勃发展的社区和充满活力的参与者。针对企业的开源软件，企业通常会围绕着它们诞生出活跃的社区并开展相关业务。受到共同驱动力的鞭策，软件也得到高效率的支持和改进，企业和社区也都会从中受益。社区中广泛的参与者提供了开源软件背后的支持力量，在出现问题时也可以以更快的速度进行故障排除和开发。

● 降低购买成本

对企业而言，成本是一个重要的考量因素。使用开源软件意味着"免费"获取代码，而专有软件则需要企业支付资金来购买。因此，从狭义的成本角度来讲，企业选择开源软件是减少支出的。需要注意的是，企业招聘合适的开发人员、运维人员实现社区版软件的部署、运维等工作，成本并不一定比购买商业软件低。

● 技术先进性

由于开源软件的代码是公开的，社区的参与者可以基于原有代码进行自由的开放和修改，其技术更新迭代速度要比专有软件快得多，这便于开源软件供应商将更加优质的产品和服务快速推向市场。

以出售专有软件为商业模式的公司出于对产品成熟度和稳定性的考量，在技术创新方面相对比较保守，因此导致专有软件的更新迭代速度和技术先进性可能落后于开源软件。

● 源代码透明性

专有软件对企业来讲是一个产品，企业用户在绝大多数情况下不会获取到软件的源代码，因此在出现问题时往往只能寻求厂商的服务支持。

相比而言，开源软件的代码具有极强的透明性，无论是企业还是普通用户都能够获取开源软件的源代码，同时还可以自由地参与社区关于开发功能和解决错误的相关讨论，因此在出现问题时能够更加灵活地处理。

● 避免锁定风险

用于核心基础设施的专有软件，因为实施和使用比较复杂，往往会增加企业用户被供应商或某个技术锁定的风险。如果发生这种情况，企业可能会面临成本的升高和技术路线的限制，一旦供应商出现问题，可能影响到企业用户的业务稳定性。

开源软件的背后往往拥有庞大的社区和广泛的参与者，因此能够支持技术不断更新，使开源软件获得比专有软件更长的寿命，也为企业提供更多的选择。

2 看清风险，别鲁莽 →

凡事有好的一面，必然就有坏的一面。引入开源对企业来说，有诸多好处，自然也要面对相应的风险，在此，我们把企业引入开源的一些潜在风险做一下介绍，希望可以给读者一些借鉴。开源具有的风险如图 5.1 所示。

图 5.1　开源具有的风险

● 被迫开源风险

个人或企业在使用或引入开源软件时，可能面临开源（即公开源代码）的风险，这很可能是无奈之举。个人或企业对于其持有或拥有的私有软件或代码，因为使用或引入了适用弱传染型、传染型或强传染型开源许可证的开源软件或代码，而依该弱传染型、传染型或强传染型开源许可证所规范的义务或要求，将可能导致其私有软件必须对外公开源代码。

尽管在前面的章节中，我们已经提到了市面上的一些许可证分类，在这里，我们还是想把两种经常导致被迫开源的许可证再做一次介绍，希望引起读者的重视。

（1）传染型开源许可证

一般常见的传染型开源许可证，如 GPL 2.0 或 GPL 3.0，当个人或企业在其私有软件使用或引入适用此类传染型开源许可证的开源软件，再进行二次分发时（如企业将适用 GPL 2.0 的开源软件与其私有软件进行结合，并将该结合产生的衍生作品分发至企业外部或客户），如此将触发此类传染型开源许可证的开源义务，可能导致个人或企业需要将其私有软件对外公开源代码。

（2）弱传染型开源许可证

一般常见的弱传染型开源许可证，如 LGPL 2.1。当个人或企业在其私有软件使用或引入适用此类弱传染型开源许可证的开源软件，并对该开源软件进行特定行为（如修改），再进行二次分发时（如企业将适用 LGPL 2.1 的开源软件进行修改，与其私有软件进行结合，并将该结合产生的衍生作品，分发至企业外部或客户），如此将触发此类弱传染型开源许可证的开源义务，将可能导致个人或企业需要将其私有软件对外公开源代码。

● 违约风险

目前，各国的法律或法院对于开源软件使用者，在违反开源许可证的义务或要求的情况下，是否构成合同违约，仍未有一致的规定或见解。

　　然而，2017 年，美国加利福尼亚州北部地区联邦法院受理的 Artifex Software 公司起诉 Hancom 公司一案可以作为日后参考。开发 Hancom Office 办公软件的 Hancom 公司在其软件中集成了开源软件 Ghostscript，但是没有遵守 Ghostscript 的 GNU GPL 许可证而开源，也没有为该软件付费。这个案例涉及一个在 GPL 3.0 版本或更高版本下授权的软件，即 Ghostscript，它是 Artifex Software 公司用于处理 PostScript、PDF 和打印机的项目（GNU Ghostscript 是项目的单独版本，不涉及或牵连到案例中）。在其诉讼中，Artifex Software 公司声称，基于 Hancom 公司包含 Ghostscript 的两项指控：侵犯版权和违反基于 GPL 的合同。

　　该案承审法官明确了该案被告（即开源软件使用者），在违反开源许可证（GPL 3.0）的义务或要求的情况下，除了可能构成知识产权侵权外，还可能构成合同违约；而原告（即开源软件作者或权利人）在此情况下，除了寻求知识产权侵权救济外，也可以从《合同法》上寻求救济。

　　2019 年 11 月 18 日，美国专利组织 Unified Patents 公布了一项研究结果，2012 年以来美国地区法院已经受理了近 200 个开源项目 / 平台的专利诉讼案件，并且有逐年增长的趋势。

● 知识产权风险

　　一般来说，个人或企业通常会在著作权、专利权、商标权、商业秘密使用或引入开源软件的知识产权等方面存在风险。

（1）著作权

除了在商业或学术领域外，开源软件通常是由个人开发者或一群彼此之间没有正式联系的开发者共同完成的，每个开源软件的开发者都是该开源软件的贡献者。在这种特殊的开发模式下，个人开发者可能由于缺乏法律意识，很容易出现开源软件的权利归属混乱的情况。一般而言，除了开源软件原始作者外，其他任何参与开源软件的贡献者，在法律上可能都不是开源软件的著作权所有人。

在使用或引入开源软件时，可能还会面临著作权瑕疵和著作权陷阱的问题。由于参与开源软件开发的贡献者可能人数众多，且任何开源软件使用者只要遵守开源软件许可证的义务与要求，都可以自由地使用、修改或分发开源软件，因此，这很有可能会导致侵权的代码流入开源软件中，从而使开源软件或其衍生作品存在著作权侵权的风险。

另外，在使用或引入开源软件时，若未遵守相应的开源许可证（例如，未依开源许可证提供源代码，未附上开源软件作者／权利人的著作权声明／开源许可证原文，或未注明修改信息），都可能因此侵犯开源软件作者或权利人的著作权。

（2）专利权

由于著作权主要保护的是作品本身的表现形式（例如，代码的呈现方式），而专利权则要保护的是思想与观点（例

如，软件或代码上的发明构思或技术方法），二者保护的对象、条件与要求皆有不同，因此，个人或企业在使用或引入开源软件时，如果未遵守相应的开源许可证，则可能同时侵害开源软件作者或权利人的著作权与专利权。

由于开源软件的特殊开发模式，在开源软件的开发、改进或分发的过程中，可能融入了很多贡献者的贡献，若未进行事前规划或排查，也极有可能侵害第三方的专利权。

★ 专利许可

开源软件所倡导的自由共享精神，与专利权所要保护的独占性与排他性，在本质上会存在差异。

部分开源许可证（如 GPL 3.0）含有明确的专利许可条款，许可开源软件的相关专利权授权给开源软件使用者，使该开源软件使用者得以依据该开源许可证使用该开源软件。另外一些开放型开源许可证（如 BSD、MIT）则没有明确地提到专利许可条款。

因此，在使用或引入该等未存有专利许可条款的开源许可证的开源软件时，是否会构成专利侵权，目前仍未有定论。在存有明确专利许可条款的开源许可证（如 GPL 3.0）中，开源软件的作者、权利人或贡献者需要将其在该开源软件中的相关专利权，向该开源软件使用者进行许可，因此在使用或引入这类开源软件时，如果确实遵守该开源许可证的义务与要求，则侵害开源软件的作者、权利人或贡献者，在该开源软件中的相关专利的侵权风险较小。然而，在使用或引入没有明确专利许可条款的开源许可证（如 BSD、MIT）的开源软件时，则可能隐藏着一定的专利侵权风险。

★ 专利报复条款

在部分开源许可证中，其实都明确或隐晦地指出专利相关的权益，因此为了防止有人恶意提起法律诉讼，部分开源许可证包含"专利报复"条款，如果开源软件的使用者对任何第三方提出专利侵权的主张或诉讼，主张这个开源软件侵害其所拥有的专利权，此时，该开源软件的作者或权利人，对于这位使用者的相关专利授权将会反制性地被终止。

前述被终止的专利许可范围，跟随报复条款的规定而有所不同，有些报复条款可能仅终止专利许可，但是有些条款也可能行使终止整份许可证所许可的权利。而后者的状况，也就是说著作权方面的许可都会一并连带被终止，从而该名提出专利侵权主张的使用者，自此将无法再使用、复制、修改与分发该开源软件。

（3）商标权

开源软件的商标分为两种类型：开源社区的商标和开源软件的商标。Apache、Linux 本身就是一个商标，开源社区组织作为一个自发建立的非官方组织，为了在开放源代码软件领域实现统一标准，将自己定位为一个行业协会。在一般情况下，使用开源社区的商标，是需要经过正式许可并付

费的。未经开源社区正式许可就使用开源社区商标的，将可能会构成商标侵权。

许多开源软件都申请注册了相应的商标。开源软件的权利人进行开源并不代表其授予商标的使用许可，一般开源软件的权利人都会保留商标的许可。因此，如果未经正式许可使用了开源软件的商标，可能会构成商标侵权。

为避免商标侵权，最好在开源软件发布或分发之前就认真检查开源项目名称是否与已经存在的开源项目的商标产生冲突。

（4）商业秘密

不同开源许可证下的开源软件，对使用者的义务与要求也有所不同。

以 GPL 类的传染型开源许可证为例，开发者在自己的私有软件或代码中，加入了 GPL 开源软件或代码，将受GPL 类开源许可证的"传染"，可能需要依据 GPL 类开源许可证的义务和要求，将其私有软件或代码进行开源。如果开发者自己的私有软件或代码原本是一项商业秘密／技术秘密，但是因为使用了 GPL 类的开源软件或代码，而导致需要将其私有软件或代码进行开源，将使其本身或其所属企业的商业秘密／技术秘密被迫公开。

开源软件涉及著作权、专利权、商标权与商业秘密等综合知识产权问题，个人与企业在进行开源时，应选择合适的开源许可证，充分了解开源许可证内容，严格遵守开源许可证的义务与要求，谨慎使用开源软件的商标和标识、对开源软件进行扫描检查、控管第三方具有风险的代码引入、确定第三方代码的来源和开源许可证。

如果企业建立完善的开源软件管理体制和流程，规范开源软件与代码的使用，将有效地控制开源软件带来的知识产权风险。

● 数据安全及隐私风险

由于前述开源软件的特性（例如，由多个贡献者共同完成、开源许可证存有免责条款等），个人或企业在使用或引入开源软件时，也必须注意数据安全及隐私风险，否则如果使用或引入的开源软件存有恶意代码、病毒或造成隐私泄露，将对个人或企业带来不小的危害。

开源软件存在的安全问题较为严重，系统信息泄露、密码管理、资源注入、跨站请求伪造、跨站脚本、HTTP 消息头注入、SQL 注入、越界访问、命令注入、内存泄漏是开源软件主要的安全风险。

开源软件的安全缺陷密度较高，奇安信开源项目检测计划数据显示：在目前已检测的 3000 余款开源项目中，开源软件缺陷密度为 14.22/ 千行，高危缺陷密度达到 0.72/ 千行，10 类重要缺陷检出率高达 61.7%。综合来看，开源软

件安全问题已经成为用户最为关注的开源风险之一。

　　早在 2006 年，美国国土安全部就展开"开源软件代码测试计划"，对大量开源软件进行安全隐患的筛选和加固，截至 2017 年 2 月，累计检测各种开源软件 7000 多个，发现了大量的安全缺陷。

　　使用与取得开源软件的便利性，可能会让人忽略开源软件带来的风险，因此个人或企业在使用或引入开源软件时，除了从技术或商业层面进行考量外，也需要注意前述开源软件可能带来的相关风险，或设立合适的管控机制，以降低相关风险，避免造成重大的损失。

3 只选对的

由于开源软件可以帮助一家公司或者研发机构快速地开发出适合市场和科研需要的平台和产品，因此在面临产品研发和项目方案制定时，选用开源软件就是一个非常快速有效的手段。从企业需求层面来看，如何引入开源软件？引入哪一款开源软件？可以从以下几个方面加以考虑。

● 需求满足度

对于终端用户来说，在选择开源技术时，需要考虑是否满足自身业务场景需求；对于软件厂商来说，在选择开源技术时，需要考虑是否满足用户的需求。如果不能完全满足用户需求，则可能需要进行二次开发。

一般来说，选用的开源软件应该满足绝大多数业务需求才能选用。开源软件的方案和代码大多数都不是选用者自己贡献的，因此在后续软件开发和维护中，会存在因不熟悉开源软件现有方案和代码，带来额外的问题及额外的工作量。

如果开源软件对产品需求的满足度不够高，则上述问题给选用者带来额外的工作量，可能会超过重新自行研发的工作量，这样就得不偿失了。

● 技术先进性

这个开源软件的技术在同类闭源或开源软件中所处的水平是否先进。这点主要考虑的因素是因为开源软件众多，而开发者也有自己的技术偏好，但这种偏好不一定符合未来技术的发展趋势，因而需要进一步衡量。

● 开源许可证

一般来说，应尽可能选用具有比较宽松的开源许可证的开源软件。对于选用相对比较严格许可证的开源软件，如GPL 系列，应注意开源软件在产品中的使用方式。需要防止 GPL 系列许可证软件带来的开源传染性问题。

● 软件成熟度

应尽量选择相对比较成熟的主流的开源软件，降低后续技术跟随方向偏离业界主流的风险。一般建议选用业界排名前三的开源软件。

● 运维能力

在选择开源软件前，需要查看是否具有相对比较完善的开源方案日志，是否具有命令行、管理控制台等维护工具能够查看系统的运行情况，是否具有故障检测和恢复能力。

● 商业支持

开源的源代码每年翻倍增长，给使用免费软件的企业用户带来了巨大的挑战，这涉及技术路线选择、稳定性、安全性和可持续性开发等。企业用户需要考虑市场上是否有可以提供企业就绪型产品与配套服务的开源厂商。

● 社区活跃度

开源社区是否仍然活跃，从技术上说，要看这个开源软件未来是否可以持续更新。如果很多年都没有更改，则极有可能这个社区已经无人维护，无法根据未来的技术发展添加更多的功能，保持技术活力。

● 软件生态

应优选生态系统比较完备的开源软件。优选有雄厚实力基金会支持的开源软件，或有业界主流厂商积极参与贡献和选用的开源软件。

对于企业用户而言，除了选择直接使用社区版本的开源软件之外，还可能面临选择开源服务商。一般在进行闭源软件选型时，企业用户主要从软件功能、厂商信誉、售后支持和服务等角度来考虑。然而，开源软件是一个开放的结构，选择开源服务商不仅要考察其作为一家公司的服务能力，还需要考察其对开源社区的贡献程度。

综合来看，企业用户如果想要选择开源服务，主要可以从以下 6 个方面进行考量，包括社区贡献、服务内容、响应时间、产品周期、交付方式和权益保障。

● 社区贡献

当用户选择开源服务商时，可以从代码贡献度、项目推动程度、社区参与度 3 个角度，考察其在开源社区中的综合影响力。社区贡献的参考项目见表 5.1。

表 5.1   社区贡献的参考项目

参考项目	内容
代码贡献度	已完成开发的特性 提交问题数 提交代码次数 提交拉取请求数 代码评论数 代码行数
项目推动程度	组织非正式会晤（Meet Up）等相关活动数量 博客数 翻译相关文档数量
社区参与度	参与人员总数 参与社区邮件讨论次数 参与项目例会次数 参与峰会人次 通过考试认证的人数

● 服务内容

当用户在软件使用的过程中，一旦遇到各类技术难题，开源服务商的专业工程师应该能在最短的时间内处理，确保用户业务正常运行。服务内容的参考项目见表 5.2。

表 5.2　服务内容的参考项目

参考项目	内容
用户服务	通过网络及电话方式受理用户问题
技术支持	标准系统的技术问题受理
功能需求受理	收集使用中提出的系统功能需求
问题响应	问题及 bug 处理（回复）
产品升级	无缝升级云平台

● 响应时间

　　在企业用户提出问题时，开源服务商应该根据不同的故障分级，在相应的时间内予以解决问题。响应时间的参考项目见表 5.3。

表 5.3　响应时间的参考项目

参考项目
操作类问题响应时间
故障类问题响应时间
产品缺陷类问题响应时间
影响流程及业务的严重问题响应时间
不影响流程及业务的问题响应时间
客户新需求响应时间
客户升级要求

● 产品周期

　　开源服务商应在服务协议中承诺交付时间，并承诺提供系统漏洞修复和升级服务。产品同期的参考项目见表 5.4。

表 5.4　产品同期的参考项目

参考项目	内容
产品交付	厂商交付项目给用户的时间
系统漏洞	上报后响应时间 上报后处理时间
系统升级	发行版与社区版版本披露

● 交付方式

　　开源服务商在提供给用户的服务协议中，应该包含协助运维或托管运维服务描述。交付方式的参考项目见表 5.5。

表 5.5　交付方式的参考项目

参考项目	内容
服务时间	工作时间（例如，"7×24""5×8"等）
培训服务	向用户提供运维人员培训服务
运维协助	服务范围和服务形式，包括远程协助、现场协助、托管服务

● 权益保障

　　开源服务商应该在服务协议中向用户承诺权益保障方法和风险控制方法。权益保障的参考项目见表 5.6。

表 5.6　权益保障的参考项目

参考项目	内容
持续服务	维护服务持续时间 运维服务持续时间
服务范围	向用户提供运维人员培训服务
服务费用	服务的计费方式
用户条款	约束条款 赔偿条款

4 值得学习的好榜样

在公司层确认引入开源需求后，企业在遇到问题时要如何统筹管理开源软件的引入呢？我们可以通过谷歌得到一些启发。2004 年，谷歌成立了开源项目办公室来跟踪公司范围内所有开源项目的情况，包括构建的合规性、代码引入和发布时间等。与此同时，谷歌对开源治理制定了相关的政策，包括发布一个新的开源项目要遵循哪些流程，如何为其他开源项目提交补丁，如何为恶化管理引入第三方的开源项目，如何使用许可协议，以及对许可协议做出了明确的规定和限制。

从项目的管理角度来看，开源涉及组织机制、管理制度、风险管理、软件测评选型、技术使用管理、技术运维管理、定期健康评估和软件退出管理共 8 个方面的内容。

● 组织机制

企业应该从管理的角度搭建与开源治理相关的组织架构，设置明确的开源治理分工，将开源治理的工作和责任具体落实到个人。

● 管理制度

　　企业明确组织架构后，将开源软件的引入做流程化管理，并制定企业内部相关的规章制度。企业应制定相关的管理制度，对开源软件的合规使用进行管控，对开源软件的引入、使用、更新、退出等全流程管理提出明确的规定，在制度中明确要求对开源软件进行统一管理，并规范开源软件全生命周期的风险管控机制。

● 风险管理

　　企业应建立开源软件风险管理机制，统一开源软件信息记录和风险管控，及时识别可能存在的风险点并做相应的处置和记录。针对开源许可证和安全两大方面的风险，定期评估并设置专业人员（如法律人员、安全人员等）进行风险处置指导，及时识别可能存在的风险点，建立与使用、运维、安全、法律等相关人员的沟通机制，确保在面临风险时能够及时妥善地解决。

● 软件测评选型

　　企业在选择开源软件前，应从实际需求出发开展充分的市场调研，从项目活跃度、行业认可、软件质量、服务支持等多个角度考察开源软件的情况，对软件进行综合评价并结合企业的自身情况，进一步决定是否引入开源软件。

● 技术使用管理

开源技术在使用的过程中存在风险，因此，企业在使用开源技术时，应规范技术人员完成开源软件相关配套文档的编制工作，构建源代码仓库和制品仓库对开源软件进行统一管理，并根据开源软件的实际应用情况建立与开源社区必要的反馈和沟通机制。

● 技术运维管理

与商业软件相比，技术运维管理常常是企业使用开源软件的痛点之一。因此，企业有必要建立开源软件运维管理的负责机制，保障企业内部正在使用的开源软件能够有人负责。同时，通过建立运维知识库和专家支持机制，进一步帮助企业提高运维管理质量。

● 定期健康评估

在开源软件的使用过程中，企业应该定期跟踪开源软件的各项情况，维护开源软件在企业中健康合规运行，包括社区情况、漏洞情况、版本情况、开源许可证情况等。

● 软件退出管理

企业应该制定开源软件退出制度及退出规划，对停止使用的软件进行统一记录和管理。在面临产品替代、出现法律安全问题时，由开源管理小组统一对软件的退

出流程进行规划，并按照规划进行迁移、替换、退出等操作。

上海浦东发展银行认为，现在已经不是用不用开源软件的问题，而是怎么用好开源软件的问题了。如果在使用了开源软件以后，没有持续的管理流程和平台，会导致没有办法修复安全漏洞，导致数据丢失。开源软件很好，但是要好好地用，需要开源治理。因此上海浦东发展银行根据自身特点建设了开源软件治理支撑平台，为未来自主、高效、安全地使用开源软件提供技术和制度上的保障。

开源软件治理支撑平台是指用于支撑开源软件治理的平台系统，是整个开源治理工作高效运行的技术保障。目前平台已经实现了流程平台、社区信息抓取、软件台账、漏洞跟踪、开源软件仓库五大功能。截至目前，平台已经累计引入了451个不同版本的开源软件，其中151个不同版本的开源软件通过引入并且介质维护入库。

自主研发的开源治理平台把开源软件治理体系变得系统化，提高了企业的管理效能，确保了开源软件应用台账的数据质量。管理平台中的软件仓库在技术上实现了开源软件实体介质来源可控可溯，直接服务于开发项目工程构件，提高了开发效率。

中国农业银行之前更多的是使用商业软件，除了银行自身软件之外，在基础软件、操作系统、中间件等领域使用的都是商务软件，然而近几年银行业进入了金融科技时代，中国农业银行想要借助开源软件助力银行数字化转型，通过开源，把人工智能、移动互联、区块链、大数据、云计算、网络安全集结，打造属于自己的金融科技的服务能力。

中国农业银行开源软件管理和应用是在监管部门相关政策的指引下，通过分析银行 IT 架构演进的特点，立足中国农业银行开源软件应用管理实践，提出了一套融合传统和开源理念的软件管理框架 TOSIM，以及使用在商业银行落地实施的开源软件管理规范标准和管理平台及工具。该体系包含两个维度：一是从管理体系维度打通开源软件管理涉及的各项 IT 管理活动，形成架构管理、项目管理、安全管理、配置管理、运维管理"五位一体"的管理闭环；二是从模型、评估方法、制度流程、系统与工具、培训与实践的内容体系维度，实现开源软件融合式管理。

TOSIM 开源软件一体化管理框架有着以下的显著特点。

一是强调建立全面的管理体系。TOSIM 管理框架覆盖开源软件选型、评测、引入、使用、维护和退出全生命周期，从管理目标、业务流程到技术方法进行了全面的阐述和指导，具有较强的可操作性和可落地性。

二是强调建立融合的管理体系。开源软件管理涉及面广、复杂度高，TOSIM 管理框架将开源软件管理融入现有的架构管理、项目管理、安全管理、配置管理等领域，给出了各领域开源软件管理的工作模型，强调跨部门、跨领域工作的高效有序衔接，为提高管理效率提

供了有力的保障。

三是强调建立分级分类的管理体系。TOSIM 管理框架践行"管理一体化，内容差异化"的理念，充分考虑各类开源软件在不同业务应用场景下的特点，针对不同种类开源软件的引入测评、配置管理、场景适用性、应急响应、漏洞处置等均提出了差异化管理的要求，避免出现"一刀切"等现象。

开源软件一体化管理体系在中国农业银行的实践表明了其科学性和可实施性，丰富和完善了中国农业银行的架构生态，加速了应用领域赋能，降低了生产运行风险，推进了金融科技创新，为金融机构开源软件的管理提供了一个可参考的案例。

另外，还有其他银行在开源治理方面也进行了有益的尝试。

5 驾驭开源的几个重要角色 →

引入开源软件绝不是软件使用部门的事情，在引入开源软件之后，需要企业中各个部门的支撑。企业应该从管理的角度搭建与开源治理相关的组织架构，设置明确的开源治理分工。企业可以在内部设立开源管理小组，负责制定开源合规战略和开源治理流程，统筹规划和推动企业开源治理工作。

在开源软件的引入和使用过程中，企业可能涉及的角色包括开源管理人员、软件使用人员、软件维护人员、安全支持人员和法律支持人员。

开源管理人员：负责制定开源治理流程和相关制度，依据制度组织相关负责人对开源软件进行管理。

软件使用人员：负责提出开源软件引入和使用需求，包括开展相应技术调研评估、实际使用和操作软件等。

软件维护人员：负责软件的配置及运维支持，确保软件稳定正常运行，一般涉及企业内部的相关运维人员。

安全支持人员：负责开源软件的代码安全审查，通过各种渠道监控开源软件漏洞情况并及时进行反馈和处置。

法律支持人员：负责管控开源软件使用中涉及的法律及知识产权风险，包括开源许可证审查及合规咨询等。

　　某银行对于引入开源软件高度重视，秉持审慎引入的原则，尽可能地为银行引入开源软件规避风险。

　　该银行在引入开源软件前需要经过业内调研、验证测试、架构决策等环节。通过调研有影响力的同业金融机构及互联网企业，深入了解软件的适用场景、运维及安全等相关方面的问题，初步评估是否有必要引入该软件。

　　在正式引入该软件之前，使用实际业务对该软件进行测试验证，依据调研报告及测试报告做架构决策。同时，引入的开源软件还必须符合这家银行整体架构转型的要求。如果同一类型的软件有多款，例如，开源数据库有 MySQL、MariaDB、PostgreSQL 等。在具体选型时主要遵循软件成熟、可靠优先、兼顾性能、社区活跃的原则。软件成熟度主要依据装机量和业务口碑及公开缺陷数来评判；在可靠性维度上，通过设计操作系统，发现 CPU、内存、磁盘、文件系统、网络、软件等故障，在真实的业务场景中通过正常场景、异常场景、性能场景下验证其可靠性；社区活跃维度，主要依据这款软件开源的参与人数、缺陷修复速度、业内从业人数、网络搜索热度等评判；同时作为金融企业，该软件许可证是其是否能得到可靠的商业服务支持，也是评价该软件的重要依据之一。

6 中小企业开源速成

中小企业引入开源可以降低软件的开发成本，有助于企业迅速发展。但是由于开源软件本身存在的风险，引入开源对于中小企业来说存在着风险和挑战。中小企业往往应对风险能力较差，因此对开源项目的风险评估和风险控制显得尤为重要。

风险评估：在引入开源项目之前，要针对开源项目的法律层面和技术层面进行风险评估，在法律层面检查开源项目的知识产权和许可证使用情况；在技术层面对开源软件本身的稳定性和引入开源软件后软件产品的质量进行评估。

风险控制：制定风险控制措施，预先部署风险解决方案，对可能发生的风险进行识别并分析风险，从而寻求对应的解决办法，在尽可能短的时间内对风险进行控制，防止风险带来不可控的损失。

组织培训：通过开源知识培训等形式，向企业相关人员灌输正确的开源理念。对开源的概念、开源许可证的要求进行解读，明确开源可能涉及的风险，增强企业的开源风险意识。

搭建架构：从管理角度搭建企业开源治理组织架构，设置明确的开源治理分工，将开源软件审核和风险控制的工作

和责任具体落实到个人，并配备开源知识产权、法务、安全等人员协助推进开源软件合规使用。

开源管理：通过制定开源管理制度，建设企业内部开源软件管理平台，从公司层面对开源软件的引入和输出进行管理，构建全流程的企业级开源治理体系。

> 随着企业信息中心数字化转型与互联网、大数据应用的迅速发展，大量开源软件涌入保险行业，保险业在受益于开源技术的同时，也意识到开源技术管理的困难与风险。因此某保险集团建立了一套开源技术评估模型规范开源技术的管理，努力从"被动接受"向有计划、有目标的"主动探索"转型。
>
> 该开源技术评估模型结合问卷、现场等形式的调研，以及集团对开源技术的使用情况、开源技术知识储备以及安全生产等多个维度的综合考量，形成产品生命力、技术适用性、安全保障、本地化服务、商务友好性5个维度的评估模型。产品生命力是从技术框架所在社区和技术框架本身评估是否有比较强的生命力；技术适用性是评估技术框架是否符合企业IT现有特征，适合在企业内使用；安全保障是评估技术框架是否满足企业对安全的要求；本地化服务是评估产品是否具备比较好的本地服务能力；商务友好性是评估产品是否在商务上有授权限制，授权和维护费用是否有竞争力。

开源是把"双刃剑"，如何用好开源成为大家共同探讨的话题。企业引入开源软件可以降低开发、运维、人力等方面成本，提升开发维护效率，享受开源软件的快速迭代与代码透明性，避免被软件技术供应商"卡脖子"的现象。

但是企业引入开源技术也伴随着众多风险，包括因传染性开源许可证被迫开源，泄需自身商业机密；未遵守或识别知识产权问题造成违法行为；未提前识别安全漏洞，导致数据安全及隐私问题。

所以企业在引入开源技术前，要做好开源软件的引入管理。企业应建立开源组织架构，设置明确的规章制度与开源治理分工，规范引入流程，做好需求满足度、开源许可证、开源软件技术与社区的成熟度、软件生态、运维能力等方面的评估，完善风险控制机制；并且制定合理的退出机制，以防出现产品替代、法律安全等问题。

CHAPTER 06

开源的未来

当前，开源正从个人行为逐渐发展成为企业行为，开源虽然起源于个人行为，但由于开源的协作模式和产品特点，影响商业产品的市场格局，企业层面逐渐借助开源模式实现了市场布局。企业层面通过主动布局开源，降低边界成本，引导事实标准，改变市场竞争格局，同时吸纳多方参与，激发产品创新，满足用户多场景需求。国内逐步主动布局基础软件领域开源生态，国内早期开源生态发展最早集中在应用侧开发软件领域，虽然开源项目数量已达百万级别，但是具有国际影响力的开源项目还不足。近年来，国内企业逐渐侧重基础软件领域开源项目布局，在操作系统、数据库、中间件等领域涌现出多个开源项目，不乏国际基金会的顶级开源项目。

基金会与联盟开源运营机制多态发展。 开源联盟组织将持续推进与企业的开源运营合作。国内开源联盟组织相对灵活，覆盖主要技术领域，可借助联盟标准化与行业推广优势，推动中国自发应用开源项目，探索国内开源基金会模式，借鉴国际经验，为国内开源项目的运营提供有力的法律、协作支撑，与国内外开源组织、标准化组织建立联动机制，推动开源项目形成生态。

开源风险问题得到关注，开源治理体系逐步建立。 开源项目虽然最终形成软件、硬件等形态，但需要满足开源许可证要求，相比通用软件具有一定的使用范围和规则，近年来，开源风险问题引起人们的广泛关注，企业内部逐步形成开源治理体系，通过统一开源、引入管理规避开源风险。

　　行业开源生态兴起。行业用户在开源生态的角色逐渐发生转变，从开源使用到自发开源，金融、工业互联网、电信、政府采购等行业逐渐探索行业内开源生态构建，形成行业社区。

　　我们在书中多次强调，开源和互联网是好朋友，它们的关系也会持久地发展下去，它们彼此相互影响，相互学习。

　　就像 GitHub 社区和社交媒体那样，会互相找到对方的影子，今天，像抖音、快手这样的媒体，常常被叫作"算法媒体"，每个人打开的首页都不一样，这些媒体比用户自己还了解自己。

　　现在，开源的代码是靠人和工具整理，开源社区还没实现个性化，千人一面，用户画像的大数据推送还没成为开源社区的"开机画面"，开源社区还没像互联网那样"洋气"。

　　没准，程序员们今天看到这本书，到明天，开源社区就变了呢!

后记

开·源·法·则

　　我们正处在飞速迈向数字时代的拐点，当新型基础设施建设成为整个社会的关注焦点，与数字经济相关的书自然会很多，与技术相关的热点话题也很多，为什么中国信息通信研究院云计算与大数据研究所会出版一本关于开源的书呢？

　　答案是这样的。如果说云计算、大数据、人工智能、区块链、数据中心成为这个时代的关键词，代表着这个时代的历史印记，那么开源不仅是一种思维方式，而且是数字时代技术发展的灵魂所在，是数字时代的"精神文明"。

　　最具价值的精神文明，不是高高在上的一句口号，它的意义在于普惠每一个人。开源，生来就具有这样的普惠意义的价值传递方式。

　　开放计算机源代码，让更多的人通过代码参与到学习、分享、交流和贡献中，正在推动更高效的知识交流与传播。

　　农业时代，我们用图书来记录、传递知识；工业时代，社会化分工大发展，全球的知识汇集，有了图书馆来聚集和传播知识；信息时代，互联网让知识、信息的传递加速，获取

信息可以足不出户；数字时代，数据变成生产要素，知识、信息、数据的传递更加高效，开源让计算机代码成了直接交付、分享的劳动成果，代码变成知识传播的载体。

诗歌、散文、小说等文体会受到汉语、英语等这些自然语言语种的限制，而计算机语言却没有地域、文化的限制。

数字时代正在以比以往更快的速度来打造这个时代的基础设施，这个时代的最强音不是用文字书写，而是用计算机语言来写就。

中国有句古话"众人拾柴火焰高"，你贡献一行代码，我贡献一行代码，大家可以获得更多的智慧，新型基础设施就可以搭建得更快、更好。在数字时代，高效地学习、交流、分享，创新的血液就可以无阻地循环流淌。

我们正见证这个与数字时代交棒的历史时刻，也正见证百年未有之大变局，中国信息通信研究院云计算与大数据研究所也希望用我们可以见证的方式，以开源为契机，搭建技术行业思想交流、共同进步的连接平台，为数字经济发展提速，为科技创新贡献绵薄之力。